高等职业教育土木建筑类专业新形态教材

建筑构造

主　编　徐富勇　付立群　汪　翠
副主编　胡　泊　邹桂林　高艳君
　　　　樊雯雯
参　编　佘春萍　张　睿
主　审　涂群岚

北京理工大学出版社
BEIJING INSTITUTE OF TECHNOLOGY PRESS

内容提要

本书根据建筑行业对高等教育层次建筑技术人才的要求，在编写过程中参照了我国建筑行业现行标准和相关法律法规。全书除绪论外共分为10个模块，主要内容包括民用建筑认知、地基与基础构造、墙体构造、楼地层构造、屋顶构造、楼梯构造、门窗构造、变形缝构造、建筑节能和工业建筑构造。

木书可作为高等院校土木工程类相关专业的教材和教学参考书，也可供从事土木建筑设计和施工的人员参考。

图书在版编目（CIP）数据

建筑构造 / 徐富勇，付立群，汪翠主编.--北京：
北京理工大学出版社，2024.11（2024.12重印）.
ISBN 978-7-5763-4220-8

Ⅰ.TU22

中国国家版本馆CIP数据核字第2024Y6C239号

责任编辑：江　立　　　　　文案编辑：江　立
责任校对：周瑞红　　　　　责任印制：王美丽

出版发行 / 北京理工大学出版社有限责任公司

社　　址 / 北京市丰台区四合庄路6号

邮　　编 / 100070

电　　话 / (010) 68914026（教材售后服务热线）
　　　　　　(010) 63726648（课件资源服务热线）

网　　址 / http://www.bitpress.com.cn

版 印 次 / 2024年12月第1版第2次印刷

印　　刷 / 河北鑫彩博图印刷有限公司

开　　本 / 787 mm×1092 mm　1/16

印　　张 / 11

字　　数 / 302千字

定　　价 / 39.00元

FOREWORD 前言

本书是在现有课程教学改革和建设成果的基础上，广泛开展课程建设调研，紧跟行业发展趋势，不断优化课程教学内容，推行模块化教学编写的。

本书主要介绍一般民用和工业建筑各个组成部分的构造原理和构造方法。本书以真实的工程项目为载体，以建筑主体建造的工作过程为主线设计学习情境，把相关的知识点融入各个环节，以建筑各组成部分细部构造施工图的认知作为基础能力训练、一项真实的建筑施工图纸的认知作为综合能力训练，层层展开，步步深入，以培养学生的职业能力和职业素养。

本书具有以下特点：

（1）紧跟行业发展，基于工作过程设计模块内容，在调研的基础上，明确课程所涉及的企业工作岗位相关知识、技能和素养要求。

（2）制作和设计了电子课件、图集、建筑标准及实际工程案例等相关内容。

（3）本书各模块均配有相关练习题。针对教材理论知识设计编制习题，题目类型力求多样化，如判断题、选择题、填空题、简答题、绘图题等。

本书由江西建设职业技术学院徐富勇、付立群、汪翠担任主编，由江西建设职业技术学院胡泊、邹桂林、高艳君、樊雯雯担任副主编，全书由江西建设职业技术学院涂群岚教授主审。

本书是校企合作编写的教材，在前期调研和编写过程中得到了建中工程有限公司高级工程师余春萍和江西建工第一建筑有限责任公司张睿的大力支持和帮助，在编写中参考和引用了大量的规范、图集、教材、规程和技术标准，并得到了相关企业的大力支持和帮助，在此一并致以衷心的感谢。

由于编者水平有限，书中难免有不足之处，恳请专家和读者批评指正！

编　者

CONTENTS 目录

绪　　论

"建筑构造"课程是系统介绍建筑物各个组成部分的构造原理、构造方法和材料做法的一门课程。学习本课程的目的是掌握建筑构造的基本原理，初步掌握建筑物的一般构造做法和构造详图的绘制方法，识读一般工业与民用建筑施工图。

通过建筑构造课程学习，掌握民用和工业建筑构造的组成和基本构造原理、常见的构造做法及建筑施工图的识读，同时能够运用所学知识解决房屋建筑工程实际问题。配合其他有关课程的学习，为今后从事建筑工程施工与管理、工程建设监理、工程质量与安全管理、工程经济与造价管理等工作奠定基础。

一、课程性质

"建筑构造"课程是土木工程专业的一门基础学科，是贯穿整个专业学习的重要课程。通过本课程的实施，培养学生的空间想象能力、逻辑思维能力、综合决策能力，并通过实践性环节，将知识转化为技能，使学生学会分析和研究民用建筑各组成部分的构造原理和构造方法，并具有从事一般中小型民用建筑方案设计和建筑施工图设计的初步能力，为后续课程奠定必要的专业知识。

二、课程特色

"建筑构造"课程以真实的工程项目为载体，以建筑主体建造的工作过程为主线设计学习情境，把相关的知识点融入各个环节，以建筑各组成部分细部构造施工图的认知作为基础能力训练，以一项真实的建筑施工图纸的认知作为综合能力训练，层层展开，步步深入，以培养学生的职业能力和职业素养。

开展模块化教学。结合具体的工程案例，以角色营造情境，让知识从书本走进生活，降低课程内容的距离感，调动学生积极性，完成课程主要知识点教学。

引入课程素养教学，丰富教学内容，增加课程的知识性和趣味性，在传授专业知识的同时，加强对学生的思想教育和价值引领。具体来说，就是以传统文化为引子，剖析哲学内涵，进而展开知识点的论述，既利用素养教学解决课程难点，又反过来利用知识点增强学生对素养内容的认同。

三、课程学习方法

(1)多观察身边周围典型建筑构造，对比和印证所学的构造知识。

(2)注意收集、查阅相关文献和规范，了解建筑的新工艺、新技术、新动态。

(3)注重实践，理论学习是基础，但实践和项目经验同样重要。可以通过参观一些实际的建筑项目，或进行一些小型的建筑设计项目来加深理解。

模块1 民用建筑认知

【知识目标】

1. 了解建筑物各组成部分的名称。
2. 掌握建筑物的分类和级别。
3. 掌握建筑标准化和统一模数。

【技能目标】

1. 能够划分不同建筑物的等级。
2. 能够识读建筑施工图中的建筑概况部分。

【素养目标】

1. 培养开拓创新和精益求精的工匠精神。
2. 培养民族自豪感和积极投身到祖国建设的使命感。

1.1 认识建筑

1.1.1 建筑的概念

在工程中，建筑通常是指建筑物与构筑物的统称。建筑物是指供人们在其内部进行生产、生活或其他活动的房屋或场所，如住宅、学校、办公楼、医院等。构筑物指的是人们不直接在其内部进行生产、生活的工程设施，如水塔、大坝、桥梁等。

1.1.2 建筑的构成要素

建筑的发展经历了从原始到现代，从简陋到完善、从小型到大型、从低级到高级的漫长过程。这些发展无不渗透着建筑的三个基本要素，即建筑功能、建筑技术和建筑形象。

1. 建筑功能

建筑功能是建筑三个基本要素中最核心的一个，它反映了建筑建造的目的。任何建筑都具有某些特定的功能，如住宅是满足居住、厂房是为了生产、学校是满足人们学习等。同时，建筑功能也在一定程度上决定了建筑的结构形式、平面空间构成、内部和外部空间尺寸等。

2. 建筑技术

为满足不同的功能要求，建筑有低有高、有小有大、有简单有复杂，为了建造这些有不同需求的建筑，就需要一定的建筑技术作为支撑。建筑技术在限制建筑发展的同时，也促进了建筑的发展。

3. 建筑形象

建筑形象是建筑的表达形式，是建筑的内外观感，体现在平面空间组合、建筑体型和立面、材料的色彩和质感等。建筑从外在往往会反映时代特征、地方特色、文化属性等，并与周围建筑和环境有机融合、协调。

1.2.1　建筑的分类

人们直接在其内部从事各种活动的房屋和场所称为建筑物，它们与我们的生活息息相关。建筑物按照功能不同，又有多种类型，建筑物可以按照不同分类方法划分成不同类型。

1. 按照建筑功能分

按照建筑功能，建筑物可分为民用建筑、工业建筑和农业建筑(图 1-1)。

 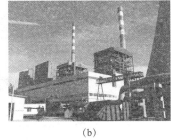 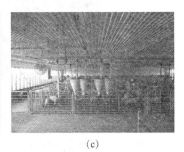

(a)　　　　　　　　　　(b)　　　　　　　　　　(c)

图 1-1　建筑功能分类

(a)民用建筑；(b)工业建筑；(c)农业建筑

(1)民用建筑。民用建筑又可分为居住建筑[图 1-2(a)]和公共建筑[图 1-2(b)]。

1)居住建筑：满足人们生活起居，如住宅、宿舍、公寓等。

2)公共建筑：供人们进行各种公共活动的建筑。公共建筑的种类较多，功能差异较大，主要包括行政办公建筑、医疗福利建筑、商业建筑、体育建筑、交通建筑、园林建筑、纪念建筑等。

(a)　　　　　　　　　　　　(b)

图 1-2　民用建筑

(a)居住建筑；(b)公共建筑

(2)工业建筑。工业建筑是指供人们进行各种生产活动的建筑，包括生产用房和辅助用房，如化工、纺织、食品等生产车间及发电站、锅炉房等。

(3)农业建筑。农业建筑是指供人们进行农牧业的种植、养殖等用途的建筑，如温室、粮仓等。

2. 按照建筑高度分

(1)单层或多层建筑。建筑高度不大于 27 m 的住宅建筑、建筑高度不大于 24 m 的公共建筑以及建筑高度大于 24 m 的单层公共建筑。

(2)高层建筑。建筑高度大于 27 m 的住宅建筑、建筑高度大于 24 m 的非单层公共建筑。

(3)超高层建筑。建筑高度大于 100 m 的建筑。

3. 按照建筑规模和数量分

(1)大量性建筑。单体建筑规模不大，但数量多、分布广的建筑，如住宅、学校等[图 1-3(a)]。

(2)大型性建筑。单体建筑规模大、数量少的建筑，如大型体育馆、大型火车站等[图 1-3(b)]。

(a)   (b)

图 1-3 建筑按规模和数量分类

(a)大量性建筑；(b)大型性建筑

4. 按照承重结构所用材料分

(1)木结构建筑。竖向承重结构和横向承重结构均为木结构的建筑[图 1-4(a)]。其特点是取材方便、造价低、抗震性能好，但耐火性差、易腐，现在已很少采用。

(2)混合结构建筑。建筑物承重结构由两种或两种以上不同材料组成，如承重墙为砖墙、楼板采用木楼板的砖木结构、砖墙和钢筋混凝土楼板组成的砖混结构[图 1-4(b)]。

(3)钢筋混凝土结构建筑。建筑物的主要承重构件，如梁、板、柱均采用钢筋混凝土[图 1-4(c)]。其优点是建筑坚固耐久、防火性能好和抗震性能强，在当今应用最广。

(4)钢结构建筑。建筑物主要承重构件用钢材制成[图 1-4(d)]。其特点是力学性能好、结构自重轻，广泛应用在高层建筑和大跨度的公共建筑中。

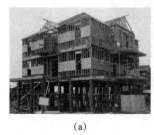 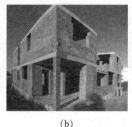  

(a)   (b)   (c)   (d)

图 1-4 不同承重结构建筑

(a)木结构建筑；(b)混合结构建筑；(c)钢筋混凝土结构建筑；(d)钢结构建筑

5. 按照建筑施工方法分

(1)全现浇建筑。建筑的主要构件都在施工现场现浇的建筑。

(2)全装配式建筑。建筑的主要构件，如梁、楼板、楼梯等均在工厂或施工现场预制，再在施工现场装配而成。

(3)部分现浇、部分装配建筑。建筑的一部分构件在工厂预制，另一部分在现场现浇。

1.2.2 建筑的等级

建筑的等级是建筑在设计时应首先考虑的事项，应当根据不同的建筑等级，采取不同的标准，选择相应的材料和结构形式，使其符合各自的等级要求。民用建筑一般是根据建筑使用年限、防火性能来划分等级的。

1. 按照建筑的耐久年限分

我国现行规范规定，建筑物按主体结构的耐久年限划分为四个等级。

(1) 一级耐久年限：100 年以上，适用于重要的建筑和高层建筑。

(2) 二级耐久年限：50～100 年，适用于一般性建筑。

(3) 三级耐久年限：25～50 年，适用于次要的建筑。

(4) 四级耐久年限：15 年以下，适用于临时性建筑。

2. 按照建筑的耐火等级分

根据建筑材料和构件的燃烧性能及耐火极限，建筑的耐火等级分为四个级别。

(1) 燃烧性能。燃烧性能是指建筑物的主要构件在明火或高温作用下燃烧与否，以及燃烧的难易程度。建筑构件按照燃烧性能分为非燃烧体（或不燃烧体）、难燃烧体和燃烧体。

1) 非燃烧体：在空气中受到火烧或高温作用时，不起火、不燃烧的材料，如金属材料。

2) 难燃烧体：在空气中受到火烧或高温作用时，难燃烧、难碳化，离开火源后燃烧立即停止，如沥青混凝土。

3) 燃烧体：在空气中受到火烧或高温作用时，立即起火或燃烧，如木材。

(2) 耐火极限。耐火极限指的是在标准耐火试验条件下，建筑构件或结构从受到火的作用时起，到构件失去支持能力或完整性被破坏或失去隔火作用时为止的这段时间，用小时(h)表示。

建筑构件或结构出现了上述现象之一，就认为达到了其耐火极限。耐火等级高的建筑其构件或结构的燃烧性能差，耐火极限的时间就长。建筑中的构件根据其作用和位置的不同，相应的其耐火极限也不同。我国规范规定的不同耐火等级建筑主要构件的燃烧性能和耐火极限见表1-1。

表 1-1　建筑物构件燃烧性能和耐火极限

构件名称		耐火等级			
		一级	二级	三级	四级
墙	防火墙	不燃性 3.00	不燃性 3.00	不燃性 3.00	不燃性 3.00
	承重墙	不燃性 3.00	不燃性 2.50	不燃性 2.00	难燃性 0.50
	非承重墙	不燃性 1.00	不燃性 1.00	不燃性 0.50	可燃性
	楼梯间和前室墙 电梯井的墙 住宅建筑单元之间的 墙和分户墙	不燃性 2.00	不燃性 2.00	不燃性 1.50	难燃性 0.50
	疏散走道两侧的墙	不燃性 1.00	不燃性 1.00	不燃性 0.50	难燃性 0.25
	房间隔墙	不燃性 0.75	不燃性 0.50	难燃性 0.50	难燃性 0.25
柱		不燃性 3.00	不燃性 2.50	不燃性 2.00	难燃性 0.50
梁		不燃性 2.00	不燃性 1.50	不燃性 1.00	难燃性 0.50
楼板		不燃性 1.50	不燃性 1.00	不燃性 0.50	可燃性
屋顶承重构件		不燃性 1.50	不燃性 1.00	可燃性 0.50	可燃性

构件名称	耐火等级			
	一级	二级	三级	四级
疏散楼梯	不燃性 1.50	不燃性 1.00	不燃性 0.50	可燃性
吊顶	不燃性 0.25	难燃性 0.25	难燃性 0.15	可燃性

1.3 建筑物的构造组成

民用建筑通常由基础、墙体和柱、楼板和地坪、楼梯、屋顶、门窗六个主要部分组成(图 1-5),它们处于不同的位置,发挥着不同的作用。

1. 基础

基础是建筑物最下部的承重构件,承担着上部结构的全部荷载,并将其传递给地基,基础是建筑物得以立足的根基,是建筑的重要组成部分。因此,基础必须具有足够的强度和刚度,并能抵御地下各种有害因素的侵蚀。

2. 墙体和柱

墙体和柱承受楼板和屋顶传过来的荷载。在墙承重的房屋中,墙既是承重构件,也是围护构件。在框架承重房屋中,柱是承重构件,而墙一般是围护构件或分割构件。作为承重构件时,其必须有足够的强度和刚度,作为围护构件时,要求能抵御自然界各种因素对室内的侵蚀。

3. 楼板和地坪

楼板是建筑物水平方向的承重构件,对墙体起水平支撑作用,并分割楼层之间的空间。楼板应具有足够的强度和刚度,并具备防火、防水、隔声的性能。

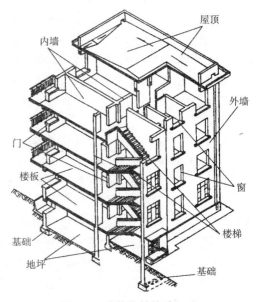

图 1-5 建筑物的构造组成

地坪是底层空间与土壤直接接触的部分,承受底层房间的使用荷载,要求具有耐磨、防潮、防水、保温等性能。

4. 楼梯

楼梯是解决不同楼层联系的垂直交通设施,主要作用是供人们交通使用,在非常情况下供人们紧急疏散。因此,楼梯必须要有足够的通行宽度和疏散能力,并满足防滑、防火等要求。

5. 屋顶

屋顶是建筑物顶部承重构件,也是围护构件,要求其具有足够的强度和刚度,并要有防水、保温、隔热等性能。

6. 门窗

门窗是非承重构件。门可供人们内外交通联系并起分割房间的作用,同时,具有采光、通风的作用。窗的作用主要是采光、通风和瞭望。门窗对建筑的造型有一定的作用,在建筑的立面中占有相当重要的地位。

1.4　建筑模数

为了协调建筑设计、施工及构配件生产之间的尺度关系，达到简化构件类型、实现大规模生产、提高建筑构配件的通用率，我国制定了《建筑模数协调标准》(GB/T 50002—2013)，用以约束和协调建筑的尺度关系。

建筑模数是建筑设计中选定的标准尺度单位，作为建筑空间、构配件、建筑制品及有关设备等尺寸相互之间协调的基础和增值单位。

1. 基本模数

基本模数是模数协调中选用的基本尺寸单位，其数值为 100 mm，符号为 M，即 1M＝100 mm。建筑的一部分和构配件的模数尺寸应为基本模数的整数倍。

2. 导出模数

建筑中需要用模数协调的各部分尺寸相差较大，仅通过基本模数不能完全满足尺度的协调要求，因此，在基本模数的基础上，又发展了导出模数，其包括扩大模数和分模数。

(1)扩大模数是基本模数的整数倍，如 3M(300 mm)、6M(600 mm)、9M(900 mm)、12M(1 200 mm)等。

(2)分模数是基本模数的分倍数，如 1/2M(50 mm)、1/5M(20 mm)、1/10M(10 mm)等。

3. 模数数列

模数数列是以选定的模数基数为基础而展开的模数系统，它可以保证不同的建筑及其构配件尺度的统一协调，有效减少建筑尺寸的种类。

《建筑模数协调标准》(GB/T 50002—2013)规定：模数数列应根据功能性和经济性原则确定。建筑物的开间或柱距，进深或跨度，梁、板、隔墙和门窗洞口宽度等分部件的截面尺寸，宜采用水平基本模数和水平扩大模数数列，且水平扩大模数数列宜用 $2n$M、$3n$M(n 为自然数)。

建筑物的高度、层高和门窗洞口高度等宜采用竖向基本模数数列和竖向扩大模数数列，且竖向扩大模数数列宜采用 nM。构造节点和分部件的接口尺寸等宜采用分模数数列，且分模数数列宜采用 M/10、M/5、M/2。

4. 几种尺寸

为了保证建筑物构配件的安装与有关尺寸之间的相互协调，必须明确标志尺寸、构造尺寸、实际尺寸的定义及其相互关系(图 1-6)。

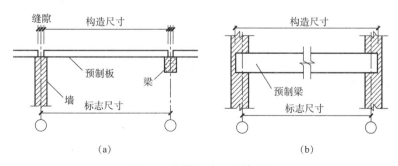

(a)　　　　　　　　　(b)

图 1-6　几种尺寸之间的关系

(1)标志尺寸。标志尺寸用以标注建筑物定位轴线之间的距离，以及建筑制品、构配件、有关设备界限之间的尺寸，应符合模数数列的规定。

(2)构造尺寸。构造尺寸是指建筑构配件、建筑组合件、建筑制品等的设计尺寸，一般情况下，标志尺寸减去缝隙为构造尺寸。

(3)实际尺寸。实际尺寸是指建筑构配件、建筑组合件、建筑制品等生产制成后的实际尺寸，实际尺寸与构造尺寸之间的差数应符合建筑公差的规定。

模块小结

建筑物按照不同的分类标准分为不同的类型。按照建筑功能分为民用建筑、工业建筑和农业建筑；按照建筑高度分为单层或多层建筑、高层建筑和超高层建筑；按照承重结构所用材料分为木结构建筑、混合结构建筑、钢筋混凝土结构建筑和钢结构建筑；按照建筑施工方法分为全装配式建筑，全现浇建筑，部分现浇、部分装配建筑；按照建筑规模和数量分为大量性建筑和大型性建筑。

民用建筑一般按照耐久性和耐火性划分四个等级。建筑物的耐火等级是根据建筑主要构件的燃烧性能和耐火极限这两个因素确定的。

民用建筑一般由基础、墙体和柱、楼板与地坪、楼梯、屋顶、门窗六部分组成，它们处于不同的部位并发挥着不同的作用。

建筑模数是建筑设计中选定的标准尺度单位，作为建筑空间、构配件、建筑制品及有关设备等尺寸相互之间协调的基础和增值单位，包括基本模数和导出模数。

拓展训练

一、填空题

1. 构成建筑的基本要素是＿＿＿＿＿＿、＿＿＿＿＿＿、＿＿＿＿＿＿。

2. 建筑按使用性质分类可以分为＿＿＿＿＿＿、＿＿＿＿＿＿、＿＿＿＿＿＿。

3. 构件燃烧性能分类可以分为＿＿＿＿＿＿、＿＿＿＿＿＿、＿＿＿＿＿＿。

4. 基本模数用符号＿＿＿＿＿＿表示，其数值规定为＿＿＿＿＿＿。

5. 从广义上讲，建筑是＿＿＿＿＿＿与＿＿＿＿＿＿的总称。

6. 建筑物的耐火等级分为＿＿＿＿＿＿级。

7. 确定建筑耐火极限的三个条件是＿＿＿＿＿＿、＿＿＿＿＿＿、＿＿＿＿＿＿。

二、选择题

1. 下列有关建筑物分类的说法中不正确的是（ ）。

　　A. 建筑物按用途可分为民用建筑、工业建筑和农业建筑

　　B. 民用建筑按其建筑规模与数量分为大量性建筑和大型性建筑

　　C. 建筑按照规模和数量分为大量性建筑和大型性建筑

　　D. 民用建筑按用途分为多层建筑和高层建筑

2.（ ）是确定主要结构或构件的位置及标志尺寸的基线，是建筑施工中定位放线的重要依据。

　　A. 中心线　　　　B. 基本模数　　　　C. 定位尺寸　　　　D. 定位轴线

3.（ ）是设计时采用的尺寸，必须符合建筑模数数列。

　　A. 实际尺寸　　　　　　　　　　B. 标志尺寸

　　C. 加工尺寸　　　　　　　　　　D. 构造尺寸

4.(　　)在建筑中主要起承重、围护及分隔作用。

  A. 框架   B. 筏板基础

  C. 墙体   D. 楼板

5. 下列(　　)组数字符合建筑模数统一制的要求。

  Ⅰ. 3 000 mm   Ⅱ. 3 330 mm   Ⅲ. 50 mm   Ⅳ. 1 560 mm

  A. Ⅰ　Ⅱ   B. Ⅰ　Ⅲ   C. Ⅱ　Ⅲ   D. Ⅰ　Ⅳ

模块 2　地基与基础构造

【知识目标】

1. 了解地基、基础的概念，人工加固地基的方法。
2. 掌握基础的类型及其特点。
3. 了解基础埋深的概念、影响基础埋深的因素。
4. 掌握地下室的防潮、防水构造。

【技能目标】

1. 能根据结构特点和工程项目特点选择合适的基础类型。
2. 能描述地下室防水施工的技术要点。

【素养目标】

1. 脚踏实地，强本固基。
2. 精益求精，做优质工程。

2.1　地基与基础概述

2.1.1　地基与基础的概念

在建筑中，建筑上部结构所承受的各种荷载传到地基上的结构构件称为基础。支承基础的土体或岩体称为地基。基础承受建筑物上部结构传下来的全部荷载，并把这些荷载连同本身的重量一起传给地基，如图 2-1 所示。地基不是建筑的组成部分，但它对保证建筑物的坚固耐久具有非常重要的作用。

2.1.2　地基的分类

地基可分为天然地基和人工地基两大类。

1. 天然地基

如果天然土层具有足够的承载力，不需要经过人工改良和加固就可直接承受建筑物的全部荷载并满足变形要求，称为天然地基。岩石、碎石土、砂土、粉土、黏土和人工填土均可作为天然地基。

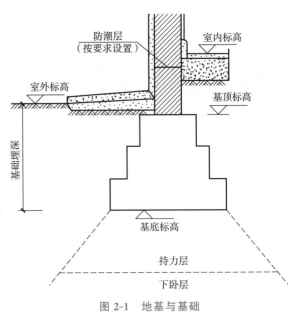

图 2-1　地基与基础

2. 人工地基

当土层的承载能力较弱或虽然土层较好，但因上部荷载较大，土层不能满足承受建筑物荷载的要求时，必须对土层进行地基处理，以提高其承载能力，改善其变形性质或渗透性质，这种经过人工方法进行处理的地基称为人工地基。

人工地基常用的处理方法有换填垫层法、预压法、强夯法、强夯置换法、深层挤密法、化学加固法等。

(1)换填垫层法：挖去地表浅层软弱土层或不均匀土层，回填坚硬、粒径较大的材料，并夯压密实，形成垫层的地基处理方法。

(2)预压法：对地基进行堆载或真空预压，使地基土固结的地基处理方法。

(3)强夯法：反复将夯锤提到高处使其自由落下，给予地基冲击和振动能量，以此将地基土夯实的地基处理方法。

(4)强夯置换法：将重锤提高到高处，使其自由落下形成夯坑，并不断夯击坑内回填的砂石等硬粒料，使其形成密实的墩体的地基处理方法。

(5)深层挤密法：主要是靠桩管打入或振入地基后对软弱土产生横向挤密作用，从而使土的压缩性减小，抗剪强度提高。其通常有灰土挤密桩法、土挤密桩法、砂石桩法、振冲法、石灰桩法、夯实水泥土桩法等。

(6)化学加固法：将化学溶液或胶粘剂灌入土中，使土胶结以提高地基强度、减少沉降量或防渗的地基处理方法。其主要有高压喷射注浆法、深层搅拌法、水泥土搅拌法等。

2.1.3 地基与基础的设计要求

1. 对地基的要求

(1)地基应具有一定的承载力和较小的可压缩性。

(2)地基的承载力应分布均匀。在一定的承载条件下，地基应有一定的深度范围。

(3)要尽量采用天然地基，以降低成本。

2. 对基础的要求

(1)基础要有足够的强度，能够起到传递荷载的作用。

(2)基础的材料应具有耐久性，以保证建筑的持久使用。因为基础处于建筑物最下部并且埋在地下，对其维修或加固是很困难的。

(3)在选材上尽量就地取材，以降低造价。

3. 基础工程应注意经济问题

基础工程占建筑总造价的10％～40％，减少基础工程的投资是减少工程总投资的重要一环。因此，在设计中应选择较好的土质地段，对需要特殊处理的地基和基础，应尽量使用地方材料，并采用恰当的形式及构造方法，从而节省工程投资。

2.1.4 基础埋深及其影响因素

1. 基础埋深的概念

为了确保建筑物的坚固安全，基础要埋入土层中一定的深度。一般把自室外设地面标高至基础底部的垂直高度称为基础的埋置深度，简称为基础埋深，如图2-2所示。

根据基础埋深的不同，基础常分为深基础和浅基础。通常把埋置深度不小于5 m的称为深基础，埋置深度小于5 m的称为浅基础。一般来说，基础埋深越小，土方开挖量就越小，基础材料用量也越少，工程造价也就越低，但当基础埋深过小时，基础底面的土层受到压力后会把基础周围的土挤走，使基础产生滑移而失去稳定性；同时基础埋得过浅，还容易受到外界各种不良因素的影响，所以，基础埋深最小不能小于500 mm。

2. 基础埋深的影响因素

（1）地基土层构造的影响。不同的建筑场地，其土质情况也不相同，即使同一地点，当深度不同时土质也会有变化。根据地基土层分布不同，通常有以下六种情况，如图2-3所示。

1）土质均匀的僵硬土层，基础宜浅埋，但不得低于500 mm，如图2-3(a)所示。

2）上层软土深度不超过2 m，下层为僵硬土层，基础宜埋在僵硬土层内，如图2-3(b)所示。

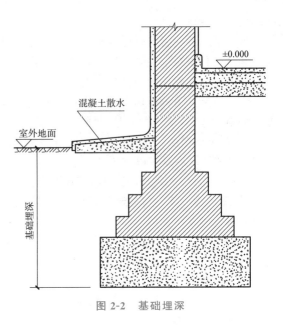

图2-2 基础埋深

3）上层软土深度为2～5 m，下层为僵硬土层，低层、轻型建筑可埋在软土内；总荷载较大的建筑宜埋在僵硬土层内，如图2-3(c)所示。

4）上层软土深度＞5 m，下层为僵硬土层，低层、轻型建筑可埋在软土内；总荷载较大的建筑宜埋在僵硬土层内或采用人工地基，如图2-3(d)所示。

5）上层为僵硬土层，下层为软土，应把基础埋在僵硬土层内，适当提高基础底面，并验算下卧层顶面处压力，如图2-3(e)所示。

6）地基由僵硬土层与软土交替组成，总荷载较大的基础可采用人工地基或将基础埋在僵硬土层中，如图2-3(f)所示。

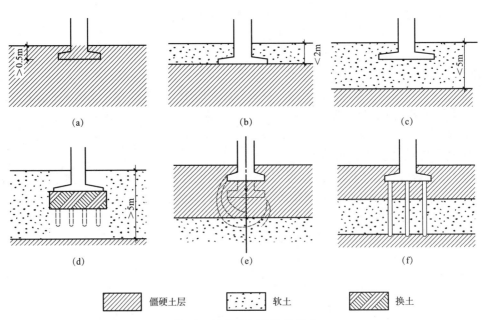

图2-3 地基土层构造的影响

(a)僵硬土层浅埋；(b)上层软土深度＜2 m，埋入僵硬土层；(c)上层软土深度为2～5 m，埋在软土中；

(d)上层软土深度＞5 m，采用人工地基；(e)下有软土，埋入僵硬土层并验算；

(f)软土、僵硬土层交错时，采用人工地基或埋入僵硬土层

一般情况下，基础应设置在坚实的土层上，而不应设置在淤泥等软弱土层上。当表面软弱土层较厚时，可采用深基础或人工地基。

（2）地下水水位的影响。地下水对某些土层的承载力有很大影响。如黏土在地下水水位上升时，将因含水率增加而膨胀，使土的强度下降；当地下水水位下降时，会使土粒直接接触压力增加，基础产生下沉。为了避免地下水水位变化直接影响地基承载力，同时防止地下水对基础施工带来麻烦和有侵蚀性的地下水对基础的腐蚀，一般基础宜埋置在设计最高地下水水位以上。

当地下水水位较高，基础不能埋置在地下水水位以上时，应采取地基土在施工时不受扰动的措施，以减少特殊的防水、排水措施，以及受化学污染的水对基础的侵蚀，以有利于施工。当必须埋在地下水水位以下时，宜将基础埋置在最低地下水水位以下不小于 200 mm 处，如图 2-4 所示。

（3）地基土冻胀和融陷的影响。对于冻结深度小于 500 mm 的南方地区或地基土为非冻胀土时，可不考虑土的冻结深度对基础埋深的影响。对于季节冰冻地区，当地基为冻胀土时，应使基础底面低于当地冻结深度。在寒冷地区，土层会因气温变化而产生冻融现象。冻结土与非冻结土的分界线称为土的冰冻线。土的冻结深度主要取决于当地的气候条件，气温越低和低温持续时间越长，冻结深度越大。

当基础埋深在土层冰冻线以上时，如果基础底面以下的土层冻胀，则会对基础产生向上的顶力，严重的会使基础上抬起拱；如果基础底面以下的土层解冻，则顶力消失，会使基础下沉，这样的过程会使建筑产生裂缝和破坏，因此，在寒冷地区基础埋深应在冰冻线以下 200 mm 处，如图 2-5 所示。采暖建筑的内墙基础埋深可以根据建筑的具体情况进行适当的调整。

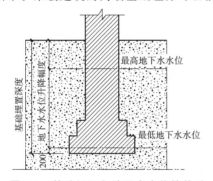

图 2-4　基础埋深和地下水水位的关系

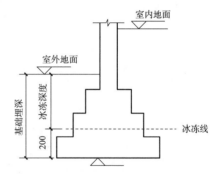

图 2-5　基础埋深和冰冻线的关系

（4）其他因素对基础埋深的影响。

1）建筑物自身的特性。当建筑物设有地下室、地下管道或设备基础时，常须将基础局部或整体加深。为了保护基础不露出地面，构造要求基础顶面离室外设计地面不得小于 100 mm。

2）作用在地基上的荷载大小和性质。荷载有恒载和活载之分。其中，恒载引起的沉降量最大，因此，当恒载较大时，基础埋深应大一些。荷载按作用方向又有竖直方向和水平方向之分。当基础要承受较大水平荷载时，为了保证结构的稳定性，也常将基础埋深加大。

3）相邻建筑物的基础埋深。当存在相邻建筑物时，一般新建建筑物的基础埋深不应大于原有建筑的基础埋深，以保证原有建筑的安全；当新建建筑物的基础埋深必须大于原有建筑的基础埋深时，为了不破坏原基础下的地基土，应与原基础保持一定的净距 L，L 的数值应根据原有建筑荷载大小、基础形式和土质情况确定，一般取等于或大于两个基础埋深的差，如图 2-6 所示。当上述要求不能满足时，应采取分段施工的方式，设置临时加固支撑、打板桩、地下连续墙等施工措施，或加固原有建筑的地基。

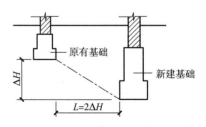

图 2-6　不同基础埋深的处理

2.2.1 按所用材料及受力特点分类

基础所用的材料一般有砖、毛石、混凝土或毛石混凝土、灰土、三合土、钢筋混凝土等。其中，由砖、毛石、混凝土或毛石混凝土、灰土、三合土等制成的墙下条形基础或柱下独立基础称为刚性基础，由钢筋混凝土制成的基础称为柔性基础。

1. 刚性基础

(1)砖基础。砖基础取材容易、构造简单、造价低，但其强度、耐久性和抗冻性较差，只适用于等级较低的小型建筑。

砖基础的剖面为阶梯形，称为大放脚。每一阶梯挑出的长度为砖长的 1/4(60 mm)。砖基础有等高式和间隔式两种形式，砌筑时应先铺设砂、混凝土或灰土垫层。大放脚的砌法有两皮一收和二一间隔收两种，两皮一收是每砌两皮砖，收进 1/4 砖长；二一间隔收是砌两皮砖，收进 1/4 砖长，再砌一皮砖，收进 1/4 砖长，如此反复。在相同底宽的情况下，二一间隔收可减小基础高度，但为了保证基础的强度，底层需用两皮一收砌筑，如图 2-7 所示。

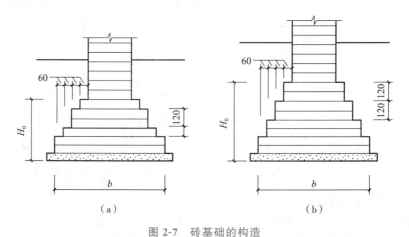

图 2-7 砖基础的构造

(a)二皮砖与一皮砖间隔挑出 1/4 砖；(b)二皮砖挑出 1/4 砖

(2)毛石基础。毛石基础由未加工的块石用水泥砂浆砌筑而成，毛石的厚度不小于 150 mm，宽度为 200~300 mm。基础的剖面成台阶形，顶面要比上部结构每边宽出 100 mm，每个台阶的高度不宜小于 400 mm，挑出的长度不应大于 200 mm，如图 2-8 所示。

毛石基础的强度高，抗冻、耐水性能好，所以适用于地下水水位较高、冰冻线较深的产石区的建筑。

(3)灰土与三合土基础。灰土基础由熟石灰粉和黏土按体积比为 3:7 或 2:8 的比例，加适量水拌和夯实而成。施工时，每层虚铺厚度 220~250 mm，夯实后厚度为 150 mm，称为一步，一般灰土基础可做二至三步，如图 2-9 所示。灰土基础的抗冻性、耐水性差，只能用于埋置在地下水水位以上，并且顶面应位于冰冻线以下的五层及五层以下的混合结构房屋和墙承重的轻型工业厂房。

三合土基础一般多用于地下水水位较低的四层或四层以下的民用建筑工程中。常用的三合土基础的体积比为 1:2:4 或 1:3:6(石灰：砂：骨料)，每层虚铺 220 mm，夯至 150 mm。三合土的强度与骨料有关，矿渣最好，因其具有水硬性；碎砖次之；碎石及河卵石因不易夯打结实，质量较差。

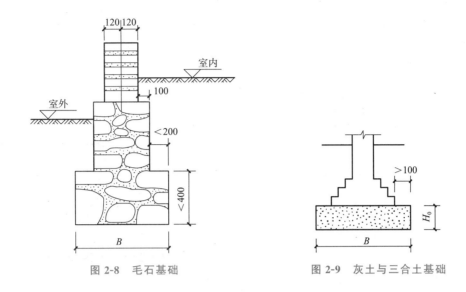

图 2-8　毛石基础

图 2-9　灰土与三合土基础

（4）混凝土基础。混凝土基础断面有矩形、阶梯形和锥形三种，每阶高度一般为 500 mm，如图 2-10（a）、（b）所示。当基础底面宽度大于 2 000 mm 时，为了节约混凝土常做成锥形，如图 2-10（c）所示。

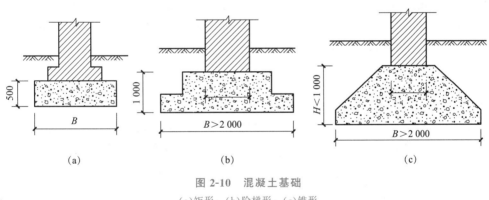

图 2-10　混凝土基础

（a）矩形；（b）阶梯形；（c）锥形

（5）毛石混凝土基础。当混凝土基础的体积较大时，为了节约混凝土，可以在混凝土中加入粒径不超过 300 mm 的毛石，这种混凝土基础称为毛石混凝土基础。在毛石混凝土基础中，毛石的尺寸不得大于基础宽度的 1/3，毛石的体积为总体积的 20%～30%，且应分布均匀，如图 2-11 所示。混凝土基础和毛石混凝土基础具有坚固、耐久、耐水的特点，可用于受地下水和冰冻作用的建筑。

2. 柔性基础

柔性基础是指将上部结构传来的荷载，通过向侧边扩展具有一定底面面积，使作用在基底的压应

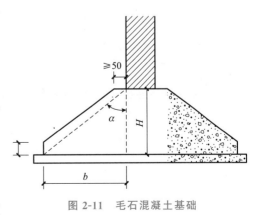

图 2-11　毛石混凝土基础

力等于或小于地基上的允许承载力，起到压力扩散作用的基础。

当基础顶部的荷载较大或地基承载力较低时，需要加大基础底部的宽度，以减小基底的压力。如果采用刚性基础，则基础高度就要相应增加。这样就会增加基础自重，加大土方工程量，给施工带来麻烦。此时，可采用柔性基础。这种基础在底板配置钢筋，利用钢筋增强基础两侧扩大部分的受拉和受剪能力，使两侧扩大不受高宽比的限制，如图 2-12 所示。扩展基础具有断面小、承载力大、经济效益较高等优点。

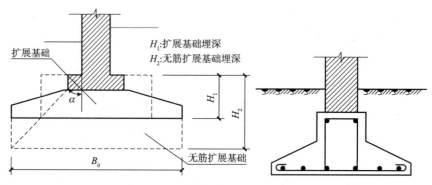

图 2-12　柔性基础与刚性基础的区别

柔性基础的底部均配有钢筋，可以利用钢筋来承受拉力，以便使基础底部能够承受较大弯矩。这样，基础宽度的加大可不受刚性角的限制，可以做得很宽、很薄，还可尽量浅埋。所以在同样的条件下，采用钢筋混凝土基础可节省大量的混凝土材料和减少土方量工程。钢筋混凝土基础相当于受均布荷载的悬臂梁，它的截面可做成锥形或阶梯形。基础垫层厚度不宜小于 70 mm，垫层混凝土强度等级应为 C20。底板受力钢筋直径不宜小于 φ10mm，间距不宜大于 200 mm，也不宜小于 100 mm。柔性基础构造示意如图 2-13 所示。

2.2.2　按构造形式分类

基础按构造形式，可以划分为条形基础[图 2-13（a）]、独立基础[图 2-13（b）]、井格基础、筏形基础、箱形基础和桩基础等。基础的构造类型应根据上部结构特点、荷载大小和地质条件确定。

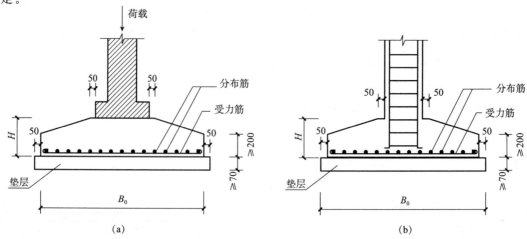

图 2-13　柔性基础构造示意

(a)条形基础；(b)独立基础

1. 条形基础

条形基础是指基础长度远大于其宽度的一种基础形式，又称为带形基础。按其上部结构形式，条形基础可分为墙下条形基础和柱下条形基础。

(1)墙下条形基础。条形基础是承重墙基础的主要形式。当上部结构荷载较大而土质较差时，可采用混凝土或钢筋混凝土基础，墙下钢筋混凝土条形基础一般做成无肋式，如图2-14所示。如地基在水平方向上压缩性不均匀，为了增加基础的整体性，减少不均匀沉降，也可做成有肋式的条形基础。

(2)柱下条形基础。当建筑采用柱承重结构，在荷载较大且地基较软弱时，为了提高建筑物的整体性，防止出现不均匀沉降，可将柱下基础沿一个方向连续设置成条形基础，如图2-15所示。

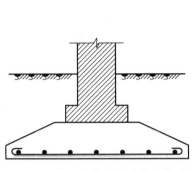

图2-14 墙下钢筋混凝土条形基础

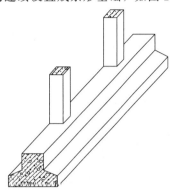

图2-15 柱下条形基础

2. 独立基础

独立基础呈台阶形、锥形、杯形等，底面可为方形、矩形或圆形，图2-16所示为常见的三种独立基础。当建筑物上部结构采用框架结构或单层排架结构承重时，基础常采用独立基础。当柱为预制时，则将基础做成杯口形，然后将柱子插入，并嵌固在杯口内。

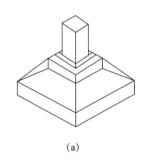

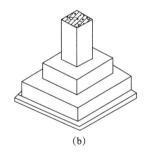

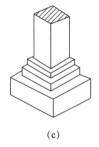

(a)   (b)   (c)

图2-16 独立基础

(a)杯形基础；(b)现浇钢筋混凝土柱基础；(c)砖柱基础

3. 井格基础

当地基条件较差或上部荷载较大时，此时在承重的结构柱下使用独立柱基础已不能满足其承受荷载和整体要求，可将同一排柱子的基础连在一起。为了提高建筑物的整体刚度，避免不均匀沉降，常将柱下独立基础沿纵向和横向连接起来，形成井格基础，如图2-17所示。

4. 筏形基础

筏形基础又称为满堂基础或板式基础，适用于上部结构荷载较大、地基承载力差的情况，如图2-18所示。筏形基础一般分为柱下筏形基础(框架结构下的筏形基础)和墙下筏形基础(承重墙结构下的筏形基础）两类。筏形基础整体性好，可跨越基础下的局部软弱土，常用于地基软弱的多层砌体结构、框架结构、剪力墙结构的建筑，以及上部结构荷载较大或地基承载力低的建筑。

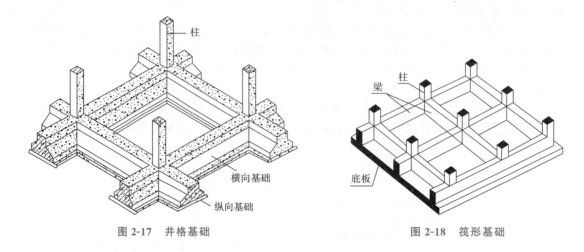

图 2-17　井格基础　　　　　　　　　　图 2-18　筏形基础

5. 箱形基础

箱形基础是由顶板、底板和纵、横隔墙所组成的连续整体式基础，整体性好，能承受很大的弯矩、抵抗地基不均匀沉降，适用于高层、软弱地基或超高层建筑，其内部空间可用作地下室、仓库或车库等。其构造形式如图 2-19 所示。

6. 桩基础

当建筑物荷载很大，地基的软弱土层又较厚时，常采用桩基础。桩基础具有承载力大、沉降量小、节省基础材料、减少土方工程量、改善施工条件和缩短工期等优点。

桩基础由若干根桩和承台组成。按桩的受力状态可分为端承桩和摩擦桩两类，如图 2-20 所示。桩基础把建筑的荷载通过桩端传给深处坚硬土层，这种桩称为端承桩；通过桩侧表面与周围土的摩擦力传给地基，这种桩称为摩擦桩。端承桩适用于表面软土层不太厚且下部为坚硬土层的地基情况，端承桩的荷载主要由桩端应力承受。摩擦桩适用于软土层较厚，而坚硬土层距地表很深的地基情况，摩擦桩的荷载由桩侧摩擦力和桩端应力承受。目前应用最多的是钢筋混凝土桩，按照施工方式的不同，桩基础分为预制桩和灌注桩两类。

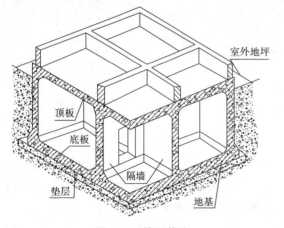

图 2-19　箱形基础

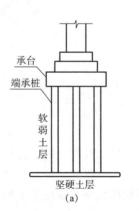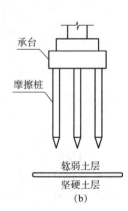

图 2-20　端承桩和摩擦桩

(a)端承桩；(b)摩擦桩

2.3 地下室构造

2.3.1 地下室的分类

1. 按使用功能分

按使用功能，地下室可以分为普通地下室和防空地下室。普通地下室是建筑空间在地下的延伸，由于地下室的环境比地面上的房间差，通常不用来居住，一般用作设备用房、储藏用房、商场、餐厅、车库等。

防空地下室是战争时期人们隐蔽之所，主要用于战备防空，同时也应考虑和平年代的使用，防空地下室在功能上应能够满足平战结合的使用要求。

2. 按地下室顶板标高分

按地下室顶板标高，地下室可以分为全地下室和半地下室。当地下室地面低于室外地坪的高度且超过该地下室净高的1/2时为全地下室；当地下室地面低于室外地坪的高度且超过该地下室净高的1/3，但不超过1/2时为半地下室，如图2-21所示。

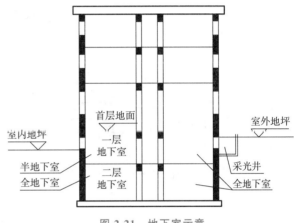

图 2-21 地下室示意

3. 按结构材料分

当建筑的上部结构荷载不大、地下室水位较低时，可采用砖墙作为地下室的承重外墙和内墙，形成砖墙结构地下室。

当建筑的上部结构荷载较大、地下室水位较高时，可采用钢筋混凝土墙作为地下室的外墙，形成钢筋混凝土结构地下室。

2.3.2 地下室的构造组成及要求

地下室一般由墙体、顶板、底板、门窗、楼梯、采光井等部分组成。

1. 墙体

地下室的墙体不仅要承受上部传来的垂直荷载，还要承受土、地下水、土壤冻结时的侧压力，所以，地下室的墙体要求具有足够的强度与稳定性。同时，因地下室外墙处于潮湿的工作环境，故其材料还要具有良好的防水、防潮性能。一般采用砖墙、混凝土墙或钢筋混凝土墙。当采用砖墙时，厚度不宜小于370 mm。当上部荷载较大或地下水水位较高时，最好采用混凝土或钢筋混凝土墙，厚度不宜小于200 mm。

2. 顶板

顶板可用预制板、现浇板，或在预制板上做现浇层（装配整体式楼板）。在无采暖的地下室顶板上，即首层地板处应设置保温层，以便首层房间使用舒适。防空地下室为了防止空袭时的冲击破坏，顶板的厚度、跨度、强度应按相应防护等级的要求进行确定，其顶板上面还应覆盖一定厚度的夯实土。

3. 底板

地下室的底板应有足够的强度、刚度和抗渗能力，一般采用钢筋混凝土底板。底板还要在构造上做好防潮或防水处理。

4. 门窗

普通地下室的门窗与地上房间的门窗相同。地下室外窗在室外地坪以下时，应设置采光井，以利于室内采光、通风，采光井的构造如图 2-22 所示。防空地下室一般不允许设窗，如需设窗，应做好战时封堵措施。防空地下室出入口部的门应按防护等级要求，设置防护门、防护密闭门、密闭门、防爆波活门等。

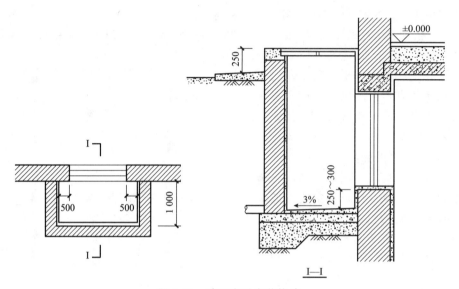

图 2-22　地下室采光井构造

5. 楼梯

地下室的楼梯一般与上部楼梯结合设置，当地下室的层高较小时，楼梯多为单跑式。对于防空地下室，应至少设置两部楼梯与地面相连，并且必须有一部楼梯通向安全出口。独立安全出口与地面以上建筑物的距离要求不小于地面建筑物高度的一半，以防空袭时建筑物倒塌，堵塞出口，影响疏散。

2.3.3　地下室的防潮构造认知

当设计最高地下水水位低于地下室底板 0.50 m，且基底范围内的土壤及回填土无形成上层滞水可能，地下室的墙体和底板只受到无压水和土壤中毛细管水的影响时，地下室只需做防潮处理。

1. 墙身防潮

当地下室的墙体采用砖墙时，墙体必须用水泥砂浆砌筑，要求灰缝饱满，并在墙体的外侧设置垂直防潮层并在墙体的上下设置水平防潮层。如果墙体采用现浇钢筋混凝土墙，则不需做防潮处理。

(1)墙体垂直防潮层：先在墙外侧抹 20 mm 厚 1∶2.5 的水泥砂浆找平层，延伸到散水以上 300 mm，找平层干燥后，上面刷一道冷底子油和两道热沥青，然后在墙外侧回填低渗透性的土壤，如黏土、灰土等，并逐层夯实，宽度不小于 500 mm。

(2)墙体水平防潮层：一道设在地下室地坪以上 60 mm 处，一道设在室外地坪以上 300 mm

处，其构造如图 2-23(a)所示。

2. 底板防潮

当地下室需要防潮时，底板可采用非钢筋混凝土，其防潮构造如图 2-23(b)所示。

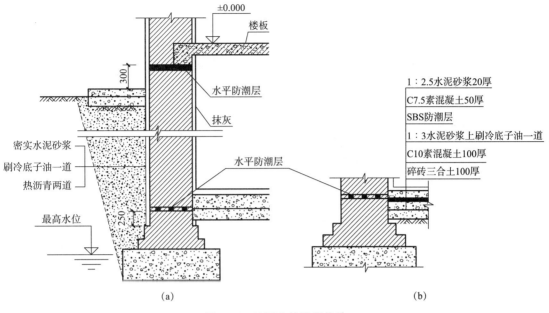

图 2-23　地下室的防潮构造

(a)墙体防潮；(b)底板防潮

2.3.4　地下室的防水构造

当地下水的最高水位高于地下室底板时，地下室外墙受到地下水侧压力，地下室底板受到地下水的浮力，所以，地下室的外墙和底板必须采取防水措施。

地下室防水具体构造做法有卷材防水和混凝土构件自防水两种。

1. 卷材防水

卷材防水层一般采用高聚物改性沥青类防水卷材或合成高分子类防水卷材与相应的胶粘材料黏结形成防水层，卷材品种见表 2-1。按照卷材防水层的位置不同，卷材防水可分为外防水和内防水两种。

表 2-1　卷材防水层的卷材品种

类别	品种名称
高聚物改性沥青类防水卷材	弹性体沥青防水卷材
	改性沥青聚乙烯胎防水卷材
	自粘聚合物改性沥青防水卷材
合成高分子类防水卷材	三元乙丙橡胶防水卷材
	聚氯乙烯防水卷材
	聚乙烯丙纶复合防水卷材
	高分子自粘胶膜防水卷材

（1）外防水。外防水就是将卷材防水层满包在地下室墙体和底板外侧。其构造要点是先做底板防水层，并在外墙外侧伸出接槎，将墙体防水层与其搭接，并高出最高地下水水位 500～1 000 mm，然后在墙体防水层外侧砌半砖保护墙。应注意在墙体防水层的上部设垂直防潮层与其连接，如图 2-24 所示。

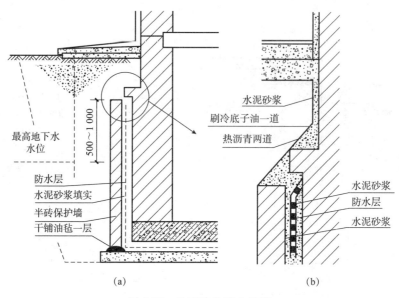

图 2-24　地下室外防水构造

(a)外包防水；(b)墙身防水层收头处理

（2）内防水。内防水就是将卷材防水层满包在地下室墙体和地坪的结构层内侧，内防水施工方便，但对防水不利，一般多用于修缮工程。其具体构造如图 2-25 所示。

2. 混凝土构件自防水

当地下室的墙体和地坪均为钢筋混凝土结构时，可通过增加混凝土的密实度或在混凝土中添加防水剂、加气剂等方法来提高混凝土的抗渗性能，这种防水做法称为混凝土构件自防水。其具体构造如图 2-26 所示。

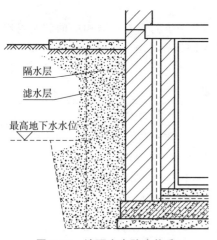

图 2-25　地下室内防水构造

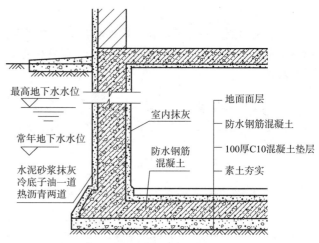

图 2-26　地下室混凝土构件自防水构造

基础是建筑物最下面的承重构件，是建筑物的组成部分，地基是基础底面的土层，它不是建筑物的组成部分。

基础埋深指的是室外设计地面至基础顶面的垂直距离，它受地基土层构造、地下水水位、冻结深度、相邻建筑物的基础等影响。

基础按照所用材料可分为刚性基础和柔性基础。其中，刚性基础常用的材料特点是抗压强度高、抗拉强度低的材料，如砖、毛石、灰土、混凝土等。这些材料做成的基础受刚性角的限制，而柔性基础一般指的是钢筋混凝土基础，不受刚性角限制。按照构造形式，基础又可分为独立基础、条形基础、筏形基础、箱形基础、桩基础等。

当地下水的常年水位和最高水位都在地下室地面标高以下时，此时地下室只需做防潮处理；反之，需做防水措施。地下室的防潮包括墙身防潮和底板防潮两部分。防水做法有卷材防水、涂料防水、钢筋混凝土结构自防水等多种形式。

拓展训练

一、填空题

1. 当地下水的常年水位和最高水位都在地下室地面标高以下时，只需做_____处理，在墙面外侧设_____。

2. 按传力情况的不同，基础可分为_____、_____两种类型。

3. 当地基土有冻胀现象时，基础应埋置在_____约200 mm的地方。

4. 地基可分为_____和_____两大类。

5. _____至基础底面的垂直距离称为基础的埋置深度。

二、判断题

1. 地下室底板若处在最高水位的下面，只需要进行防潮处理。 （ ）

2. 半地下室是指其地面与室外地坪的高差为该房间净高的1/3～1/2。 （ ）

3. 为保证建筑物的稳定和安全，必须满足建筑物基础底面的平均压力不超过地基承载力。 （ ）

4. 刚性基础的设计无刚性角的限制。 （ ）

三、简答题

1. 影响基础埋深的因素有哪些？

2. 简述刚性基础和柔性基础的特点。

3. 基础按构造形式有哪些类型？各有什么特点？分别适用什么类型的建筑？

模块 3 墙体构造

【知识目标】

1. 理解墙体的基本概念，包括定义、作用和组成，区分不同类型墙体的特点和使用场景。
2. 熟悉常用墙体材料的种类和性能指标。
3. 学习墙体结构的不同类型及其受力特性，掌握墙体与其他建筑构件的连接方式。
4. 能够分析墙体构造设计的原则和方法，考虑建筑功能需求和所处环境条件。
5. 掌握墙体施工的基本流程、工艺技术，了解施工质量控制标准和验收要求。

【技能目标】

1. 学会正确测量和施工墙体。
2. 能够掌握墙体裂缝、渗漏等问题的处理方法。
3. 能够根据建筑需求选择合适的墙体材料和构造方式。

【素养目标】

1. 培养对建筑材料选择和质量控制的职业操守。
2. 增强对建筑安全规范和施工标准的认识。
3. 培养对建筑文化和环境可持续性的关注。

3.1 墙体的基本知识

3.1.1 墙体的作用

1. 承重作用

墙体承受着自重及屋顶、楼板（梁）等构件传来的垂直荷载、风荷载和地震荷载。

2. 围护作用

墙体遮挡自然界风、雨、雪的侵袭，防止太阳辐射、噪声干扰及室内热量的散失，起保温、隔热、隔声、防水等作用。

3. 分隔作用

墙体可以根据使用需要，把房屋内部划分为若干个房间和使用空间。

3.1.2 墙体的类型

根据墙体在建筑中的位置、受力情况、材料选用、构造施工方法的不同，可将墙体分为不同的类型。

1. 墙体按位置分类

墙体按所处的位置不同，可分为外墙和内墙。外墙作为建筑的围护构件，起

墙体的类型

着挡风、遮雨、保温、隔热等作用。内墙可以分隔室内空间，同时也起一定的隔声、防火等作用。

墙体按布置方向，又可分为纵墙和横墙。如图 3-1 所示，沿建筑物长轴方向布置的墙称为纵墙，沿建筑物短轴方向布置的墙称为横墙，外横墙又称山墙。另外，窗与窗、窗与门之间的墙称为窗间墙，窗洞下部的墙称为窗下墙。

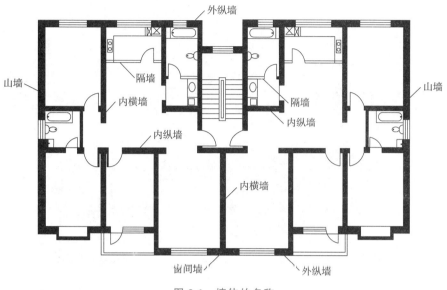

图 3-1　墙体的名称

2. 墙体按受力情况分类

根据受力情况不同，墙体可分为承重墙和非承重墙，如图 3-2 所示。凡直接承受楼板(梁)、屋顶等传来荷载的墙称为承重墙；不承受外来荷载的墙称为非承重墙。在非承重墙中，不承受外来荷载、仅承受自身重力并将其传至基础的墙称为自承重墙；仅起分隔空间作用、自身重力由楼板或梁来承担的墙称为隔墙。在框架结构中，填充在柱子之间的墙称为填充墙，内填充是隔墙的一种；悬挂在建筑物外部的轻质墙称为幕墙，有金属幕墙、玻璃幕墙等。幕墙和外填充墙虽不能承受楼板和屋顶的荷载，但承受着风荷载，并把风荷载传给骨架结构。

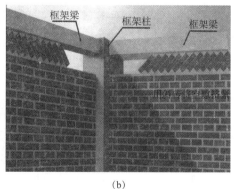

| (a) | (b) |

图 3-2　墙体类型

(a)承重墙；(b)非承重墙

3.墙体按材料分类

按所用材料的不同，墙体可分为砖和砂浆砌筑的砖墙、利用工业废料制作的各种砌块砌筑的砌块墙、现浇或预制的钢筋混凝土墙、石块和砂浆砌筑的石墙等，如图3-3所示。

(a)   (b)   (c)

(d)   (e)

图3-3　墙体示例

(a)土墙；(b)石砌墙；(c)砌块墙；(d)砖墙；(e)钢筋混凝土墙

4.墙体按构造形式分类

按构造形式不同，墙体可分为实体墙、空体墙和复合墙三种。实体墙是由烧结普通砖及其他实体砌块砌筑而成的墙；空体墙内部的空腔可以靠组砌形成，如空斗墙，也可用本身带孔的材料组合而成，如空心砌块墙等；复合墙由两种以上材料组合而成，如加气混凝土复合板材墙，其中混凝土起承重作用，加气混凝土起保温隔热作用。

5.墙体按施工方法分类

根据施工方法不同，墙体可分为块材墙、板筑墙和板材墙三种。块材墙是用砂浆等胶结材料将砖、石、砌块等组砌而成，如实砌砖墙；板筑墙是在施工现场立模板现浇而成的墙体，如现浇混凝土墙；板材墙是预制加工成墙板，在施工现场安装、拼接而成的墙体，如ALC板墙。

3.1.3　对墙体的构造要求

1.具有足够的强度和稳定性

墙体的强度是指墙体承受荷载的能力，它与所采用的材料、材料强度等级、墙体的截面面积、构造和施工方式有关。作为承重墙的墙体，必须具有足够的强度，以保证结构的安全。稳定性与墙的高度、长度和厚度及纵横墙体间的距离有关。墙体的稳定性可通过验算确定，提高墙体稳定性的措施有增加墙厚、提高砌筑砂浆强度等级、增加墙垛、构造柱、圈梁、墙内加筋等。

2.满足保温隔热等热工方面的要求

我国北方地区气候寒冷，要求外墙具有较好的保温能力，以减少室内热损失。墙厚应根据热工计算确定，同时应防止外墙内表面与保温材料内部出现凝结水现象，构造上要防止冷桥的产生。

我国南方地区气候炎热，在设计中除考虑朝阳、通风外，还应使外墙具有一定的隔热性能。

3. 满足隔声要求

为保证建筑物的室内有一个良好的声学环境，墙体必须具有一定的隔声能力。设计中可通过选用容重大的材料、加大墙厚、在墙中设空气间层等措施提高墙体的隔声能力。

4. 满足防火要求

在防火方面，应符合防火规范中相应的构件燃烧性能和耐火极限的规定，当建筑的占地面积和长度较大时，还应按防火规范要求设置防火墙，防止火灾蔓延。

5. 满足防水防潮要求

在卫生间、厨房、实验室等用水房间的墙体及地下室的墙体应满足防水防潮的要求。通过选用良好的防水材料及恰当的构造做法，可保证墙体坚固耐久，使室内有良好的卫生环境。

6. 满足建筑工业化要求

在大量民用建筑中，墙体工程量占相当大的比重，同时其劳动力消耗大，施工工期长。因此，建筑工业化的关键是墙体施工改革，可通过提高机械化施工程度来提高工效、降低劳动强度，并应采用轻质高强的墙体材料，以减轻自重、降低成本。

3.2　砖墙构造

3.2.1　砖墙的材料

砖墙是用砂浆将一块块砖按一定技术要求砌筑而成的砌体。其材料是砖和砂浆，如图 3-4 所示。

砖墙构造

(a)

(b)

图 3-4　砖墙材料

(a)砖；(b)砂浆

(1)砖。砖按材料不同，可分为烧结普通砖、页岩砖、粉煤灰砖、灰砂砖、炉渣砖等；按形状不同，可分为实心砖、多孔砖和空心砖等，如图 3-5 所示。

实心砖适用于需要较高强度和稳定性的建筑结构，如住宅、商业建筑等。由于其较高的抗压强度和耐久性，普通实心砖中最常见的是烧结页岩砖。另外，还有炉渣砖、烧结粉煤灰砖等。多孔砖是指孔洞率不低于 15%，孔的直径小、数量多的砖，可以用于承重部位。空心砖是指孔洞率不低于 15%，孔的尺寸大、数量少的砖，只能用于非承重部位。烧结普通砖以黏土为主要原料，经成型、干燥焙烧而成。砖有红砖和青砖之分，青砖比红砖强度高，耐久性好。砖的强度等级是由其抗压强度和抗折强度综合确定的，分别为 MU30、MU25、MU20、MU15、MU10 五个等级。如 MU30 表示砖的极限抗压强度平均值为 30 MPa。

（2）砂浆。砂浆是砌块的胶结材料，常用的砂浆有水泥砂浆、石灰砂浆、混合砂浆和黏土砂浆。砂浆是重要的砌墙材料，它将砖黏结在一起形成砖砌体，砂浆的强度会对墙体的强度产生直接的影响。

图 3-5　砖墙材料
（a）实心砖；（b）多孔砖；（c）空心砖

水泥砂浆由水泥、砂子加水拌和而成，属于水硬性材料，强度高，但可塑性和保水性较差，适用于砌筑潮湿环境下的砌体，如地下室、砖基础等。石灰砂浆由石灰膏、砂子加水拌和而成。因为石灰膏为塑性掺和料，所以石灰砂浆的可塑性很好，但它的强度较低，且属于气硬性材料，遇水强度即降低，因此适宜砌筑次要的民用建筑的地面以上的砌体。混合砂浆由水泥、石灰膏、砂子加水拌和而成，既有较高的强度，也有良好的可塑性和保水性，故民用建筑地面以上的砌体中被广泛采用。黏土砂浆是由黏土、砂子加水拌和而成，强度很低，仅适用于土坯墙的砌筑，多用于乡村民居。各种砂浆的配合比取决于结构要求的强度，应根据《预拌砂浆》(GB/T 25181－2019)进行调整。建筑物墙体常用的砂浆强度等级有 M15、M10、M7.5、M5、M2.5 五个等级。

3.2.2　砖墙的尺寸

图 3-6 所示是一块烧结实心砖，我国标准砖的规格：240 mm×115 mm×53 mm；砖长∶宽∶厚＝4∶2∶1(包括 10 mm 宽灰缝)。

图 3-7 所示是用砖砌的墙，标准砖在砌筑墙体时是以砖宽度的倍数，即 115 mm＋10 mm＝125 mm 为模数。

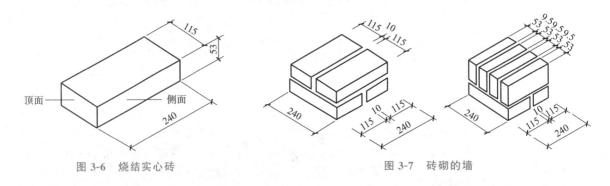

图 3-6　烧结实心砖　　　　　　　图 3-7　砖砌的墙

砖的尺寸确定时间要早于模数协调确定的时间，这与我国现行《建筑模数协调标准》(GB/T

50002—2013)中的基本模数 1M＝100 mm 不协调，因此在使用中，必须注意标准砖的这一特征。烧结多孔砖与空心砖的规格一般与普通砖在长、宽方向相同，而增加了厚度尺寸，并使之符合模数的要求，如 240 mm×115 mm×95 mm，长、宽、高均符合现有模数协调。

砖墙的厚度：习惯上以砖长为基数来称呼，如半砖墙、一砖墙、一砖半墙等。工程上以它们的标志尺寸来称呼，如 12 墙、24 墙、37 墙等。常用墙厚的尺寸规律见表 3-1。

表 3-1　砖墙的厚度尺寸　　　　　　　　　　　　　　　　　　　　　　mm

墙厚名称	1/4 砖	1/2 砖	3/4 砖	1 砖	3/2 砖	2 砖	5/2 砖
标志尺寸	60	120	180	240	370	490	620
构造尺寸	53	115	178	240	365	490	615
习惯称呼	60 墙	12 墙	18 墙	24 墙	37 墙	49 墙	62 墙

墙段长度和洞口宽度：符合砖模数的墙段长度系列为 115 mm、240 mm、365 mm、490 mm、615 mm、740 mm、865 mm、990 mm、1 115 mm、1 240 mm、1 365 mm、1 490 mm 等；符合砖模数的洞口宽度系列为 135 mm、260 mm、385 mm、510 mm、635 mm、760 mm、885 mm、1 010 mm 等。在抗震设防地区，墙段长度应符合现行《建筑抗震设计标准（2024 年版）》（GB/T 50011—2010）的规定。承重窗间墙 1 000 mm、1 200 mm、1 500 mm，在墙角设钢筋混凝土构造柱时，不受此限制；承重外墙尽端墙段 1 000 mm、2 000 mm、3 000 mm；内墙阳角至门洞边 1 000 mm、1 500 mm、2 000 mm。

砖墙高度：按砖模数要求，砖墙的高度应为 53 mm＋10 mm＝63 mm 的整倍数。但现行建筑统一模数协调系列多为 3M，如 2 700 mm、3 000 mm、3 300 mm 等。住宅建筑中，层高尺寸则按 1M 递增，如 2 700 mm、2 800 mm、2 900 mm 等均无法与砖墙皮数相适应。为此，砌筑前必须事先按设计尺寸，反复推敲砌筑皮数，适当调整灰缝厚度，并制作若干根皮数杆以作为砌筑的依据，尽量减少施工时剁砖的情况。

3.2.3　砖墙的组砌方式

组砌是指砌块在砌体中的排列。为了保证墙体的强度，以及保温、隔声等要求，砌筑时砖缝砂浆应饱满、厚薄均匀，并且应保证砖缝横平竖直、上下错缝、内外搭接，使砖在砌体中能相互咬合，避免形成竖向通缝，影响砖砌体的强度和稳定性。图 3-8 所示为砌砖中的通缝形式。

砖与砖之间搭接和错缝的距离一般不小于 60 mm。当外墙面作清水墙时，组砌还应考虑墙面图案美观。墙体组砌的排列，在砖墙的组砌中，长边平行于墙面砌筑的砖称为顺砖，垂直于墙面砌筑的砖称为丁砖。实体砖墙通常采用一顺一丁式、多顺一丁式、十字式（也称梅花丁）等砌筑方式。图 3-9 所示为常见的组砌方式。

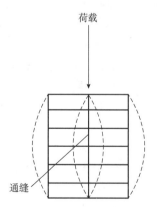

图 3-8　砌砖中的通缝

（1）一顺一丁式：此种砌法是一层砌顺砖、一层砌丁砖，相间排列，重复组合。在转角部位应加设 3/4 砖（俗称七分头），进行错缝。此种砌法的特点是搭接好、无通缝、整体性强，因而广泛应用。

（2）多顺一丁式：此种砌法通常有三顺一丁和五顺一丁之分，其做法是每隔 3 皮顺砖或 5 皮顺砖加砌 1 皮丁砖相间叠砌而成。其主要问题是存在通缝。

（3）顺丁相间式：此种砌法也称为十字式砌法，是由顺砖和丁砖相间铺砌而成。此种砌法的墙厚最少为一砖墙，它整体性好，且墙面美观。

（4）全顺式：此种砌法每皮均为顺砖组砌。上下皮左右搭接为半砖，但仅可以用于半砖墙。

（5）370墙砌筑方法：此种砌法采用一顺一丁法砌筑。

（6）180墙砌筑方法：此种砌法采用两顺一斗法或两平一侧法砌筑。

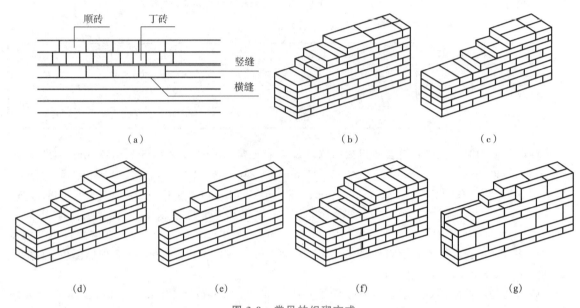

图 3-9　常见的组砌方式

（a）砖缝形式；（b）一顺一丁式；（c）多顺一丁式；
（d）顺丁相间式；（e）全顺式；（f）370墙砌筑方法；（g）180墙砌筑方法

3.2.4　墙体的细部构造

墙体的细部构造主要包括圈梁、构造柱、填充墙、门窗过梁、勒脚、散水、墙身防潮层等组成部分（图3-10）。

1. 圈梁

圈梁又称闭合梁或环形梁，是在建筑物中沿墙体水平布置的一种梁（图3-11）。它通常位于楼板的底部附近，形成一个闭合的环形或连续的带状结构。圈梁的主要作用是增强建筑物的整体刚度和稳定性，改善墙体和楼板的受力状态，提高结构的抗震性能和抵抗不均匀沉降的能力。圈梁通常采用混凝土或钢筋混凝土材料制成，内配适量的钢筋以提高其抗弯和抗剪能力。

圈梁宜连续地设在同一水平面上并应封闭。纵横墙交接处的圈梁应有可靠的连接。钢筋混凝土圈梁的宽度宜与墙厚相同。若墙厚 $h > 240$ mm，圈梁宽度不宜小于 $2/3h$，圈梁高度不应小于 120 mm。如果圈梁被门窗洞口截断而不能封闭，则应在洞口上部设置截面不小于圈梁的附加圈梁，附加圈梁与圈梁的搭接长度应大于其垂直间距的 2 倍，且不小于 $1\ 000$ mm（图3-12）。

墙体的细部构造

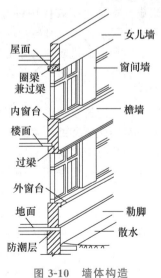

图 3-10　墙体构造

图 3-11 圈梁

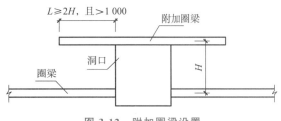

图 3-12 附加圈梁设置

2. 构造柱

构造柱是指夹在墙体中沿高度设置的钢筋混凝土小柱。砌体结构设置构造柱后，可增强房屋的整体工作性能，提高墙体抵抗变形的能力，并使墙体在受震开裂后裂而不倒。构造柱通常被放置在建筑物的关键部位，如建筑物的四角、内外墙交界处、楼梯间、电梯间及部分较长墙体的中部，以增强结构的稳定性。构造柱设置如图 3-13 所示。

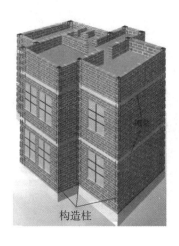
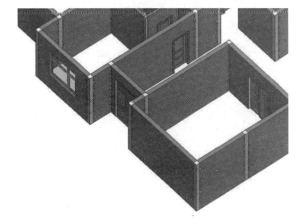

图 3-13 构造柱设置

墙体砌筑时，要留出特定形状的洞口以容纳构造柱，这个洞口通常被称为马牙槎（图 3-14）。马牙槎的形状通常是阶梯状的，类似马牙的形状，这种设计有助于构造柱与墙体之间的紧密结合，并应沿墙高每隔 500 mm 设2ф6 拉结钢筋，每边伸入墙内不宜小于 1 000 mm。构造柱的钢筋通常会延伸到基础或楼板中，以确保足够的锚固长度，从而有效地传递和承担结构荷载。构造柱最小截面宜采用 240 mm×180 mm，纵向钢筋宜采用 4ф12，箍筋间距不宜大于 250 mm，且在柱上下端宜适当加密；7度且超过六层时、8 度且超过五层时、9 度时，构造柱纵向钢筋宜采用 4ф12，箍筋间距不应大于 200 mm；房屋四角的构造柱可适当加大截面及配筋（图 3-15）。

图 3-14 马牙槎设置

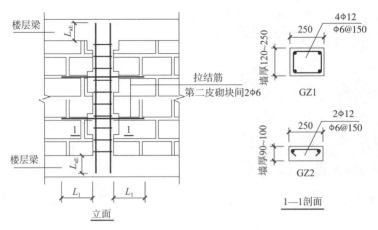

图 3-15　构造柱配筋

构造柱与圈梁连接处，构造柱的纵筋应穿过圈梁，保证构造柱纵筋上下贯通（图 3-16）。构造柱可不单独设置基础，但应伸入室外地面下 500 mm，或与埋深小于 500 mm 的基础圈梁相连。

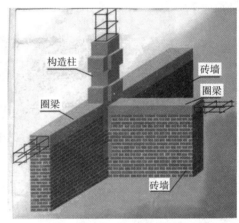

图 3-16　构造柱与圈梁连接

3. 填充墙

填充墙是建筑中用来分隔空间、承重较轻的墙体。它通常不承受屋顶、楼板等结构的重量，而是将这些重量传递给承重墙或框架结构（图 3-17）。填充墙的基础可以是混凝土或者直接在楼板上构建。在填充到顶快到梁或板底的时候，应该留一些空隙，放置一段时间，等到砖块之间的水泥全部干燥后再补齐、镶紧。填充墙的材料多种多样，如砖、轻质砖、加气混凝土块、石膏板等。

图 3-17　填充墙

4. 门窗过梁

门窗过梁是在门窗洞口上方的横向承重构件。它的主要作用是支撑门窗洞口上方的墙体重量，并将这些重量均匀传递到两侧的墙体或框架结构上，以防止门窗洞口因承受过大的压力而产生变形或破坏。门窗过梁的常见类型主要包括以下几种。

(1)钢筋混凝土过梁(图 3-18)。钢筋混凝土过梁有现浇和预制两种，广泛应用于住宅、商业建筑、工业建筑等各种类型的建筑中，特别是在需要承受较大荷载的门窗洞口上方。过梁断面通常采用矩形，以利于施工。梁高应按结构计算确定，且应配合砖的规格尺寸，如烧结普通砖墙内取60 mm、120 mm、180 mm、240 mm 等，过梁宽度一般同砖墙厚，其两端伸入墙内支承长度不小于240 mm。

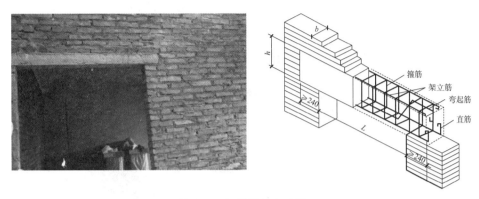

图 3-18　钢筋混凝土过梁

(2)钢筋砖过梁(图 3-19)。钢筋砖过梁是在洞口顶部水泥砂浆层内配置钢筋，并用砖平砌，形成能承受弯矩的加筋砖砌体。如图 3-19 所示，钢筋为 φ6，间距小于 120 mm，伸入墙内 1～1.5 倍砖长。钢筋砖过梁结合了钢筋的受拉强度和砖砌体的抗压强度，用于在门窗洞口上方承担并传递上部结构的荷载。

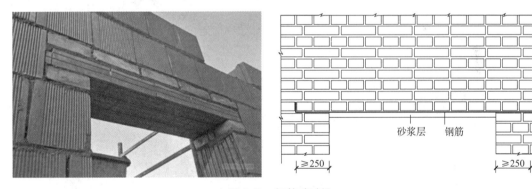

图 3-19　钢筋砖过梁

(3)砖过梁(图 3-20)。砖过梁是一种简单的建筑结构构件，由砖块砌筑而成，用于在门窗洞口上方承担并传递上部结构的荷载。常见的砖过梁类型包括单层砖过梁、多层砖过梁、拱形砖过梁、加强型砖过梁、复合砖过梁和特殊形状砖过梁。这些类型的砖过梁根据砖块的排列方式和砌筑结构不同，适用于不同荷载大小和跨度的场合。

5. 勒脚

勒脚是指建筑物四周与室外地面接近的那部分墙体，一般是指室内首层地面(距室外地坪500 mm 以上)与室外地面之间的一段外墙体。其主要作用是保护墙体，防止因雨水浸泡或地面湿气上升而对墙体造成损害。勒脚一般会采用耐水、耐腐蚀的材料，如石头或经过特殊处理的砖石，以增加其耐用性和稳定性。

勒脚的构造类型可以从材料方面分为以下几种(图 3-21)。

（1）抹灰勒脚。抹灰勒脚主要包括基层处理、刷界面剂、抹底层灰、抹面层灰、打磨抛光、防水处理和装饰处理等步骤。

（2）砖勒脚。砖勒脚使用砖块砌筑，表面可能会抹上灰浆或饰以瓷砖、马赛克等装饰材料。

（3）石勒脚。石勒脚使用天然石材，如花岗石、大理石等，具有很好的耐久性和防水性能。

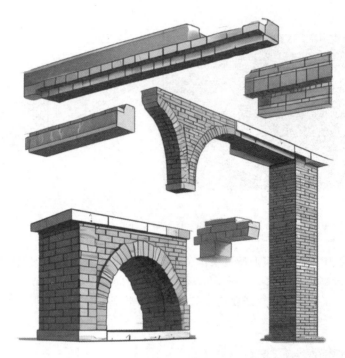

图 3-20　砖过梁

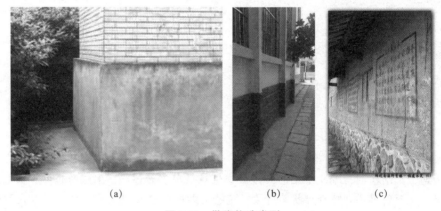

（a）　　　　　　　　　　（b）　　　　　　　　　　（c）

图 3-21　勒脚构造类型

（a）抹灰勒脚；（b）砖勒脚；（c）石勒脚

6. 散水

散水又称排水坡或散水坡，是建筑物的基础部分或周边设置的用来迅速排除屋顶、地面等表面积水的倾斜构造，如图 3-22 所示。它的主要作用是防止水分对建筑物的地基和墙体造成损害，确保建筑物的稳定性和耐久性。散水的厚度一般为 60～80 mm，宽度一般为 600～1 000 mm，坡度为

3‰～5‰,构造如图 3-23 所示。当散水采用混凝土时,宜按 20～30 m 间距设置伸缩缝。散水与外墙交接处应设分格缝,分格缝用弹性材料嵌缝,以防止外墙下沉时将散水拉裂。

图 3-22　散水

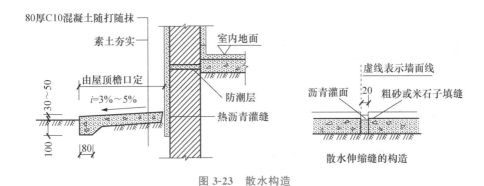

图 3-23　散水构造

7. 墙身防潮层

墙身防潮层是建筑物墙体中用于防止地下水、土壤中的湿气或大气中的水分通过墙体渗透到室内的一层特殊构造。这层构造通常位于建筑物的底层,紧贴地面,其作用是隔绝水分,保持室内干燥,防止墙体受潮引起的损害,如霉变、结构材料腐蚀等。

(1)防潮层的类型。水平防潮层和垂直防潮层是建筑物防潮系统中的两种基本类型。它们分别位于建筑物的不同部位,以防止水分渗透,如图 3-24 所示。

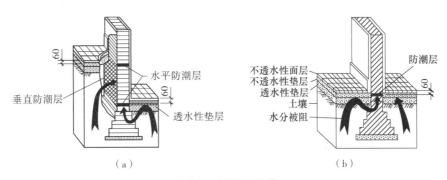

图 3-24　防潮层位置

(a)垂直防潮层;(b)水平防潮层

水平防潮层通常位于建筑物的底部，紧贴地面，它的作用是防止地下水或土壤中的湿气上升渗透到墙体内部。水平防潮层可以是连续的一层防水材料，如防水膜、防水砂浆或防水涂料，铺设在基础墙与地面之间。这层材料必须完整无缺，以确保防水效果。在施工过程中，还需要注意与墙体和基础的连接处，这些地方需要特别处理，以防止水分通过接缝渗透。

垂直防潮层则位于建筑物的外墙底部，它的作用是阻止水分从外墙侧面渗透进入墙体。垂直防潮层可以是墙体底部的一段特殊构造，使用防水性能较好的材料，如防水砂浆、防水涂料或特殊的防潮砖。垂直防潮层的高度通常至少应高于地下水水位和地面湿气可能上升的高度，以确保墙体在正常使用条件下保持干燥。

（2）防潮层的做法。水平防潮层的做法通常包括以下几种。

1）卷材防潮层[图 3-25（a）]。首先，清理基层并确保其平整、坚实，然后在防潮层部位先抹 20 mm 厚的水泥砂浆找平层，接着干铺卷材一层。根据基层形状和尺寸裁剪卷材，并确保铺设平整、无褶皱。

2）防水砂浆防潮层[图 3-25（b）]。在基层涂刷 20 mm 或 30 mm 厚 1∶2 水泥砂浆掺 3%～5% 的防水剂配置的防水砂浆。根据设计要求拌和防水砂浆，并均匀涂抹在基层上，达到设计厚度。施工完成后，进行充分养护，保持湿润状态。

3）配筋细石混凝土防潮层[图 3-25（c）]。具体做法包括基层处理、铺设钢筋网、拌和混凝土、浇筑混凝土层和养护。

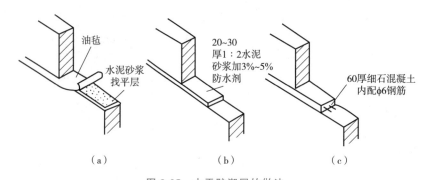

图 3-25　水平防潮层的做法

（a）卷材防潮层；（b）防水砂浆防潮层；（c）配筋细石混凝土防潮层

墙身垂直防潮层的做法：在需要垂直防潮层的墙面先用水泥砂浆抹面，刷上冷底子油一道，再刷热沥青两道，或采用防水卷材或涂料防水施工，也可采用掺有防水剂的水泥砂浆抹面做法。墙身垂直防潮层构造如图 3-26 所示。

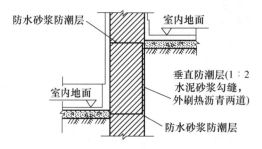

图 3-26　垂直防潮层的做法

3.3　　隔墙与幕墙构造

3.3.1　隔墙构造

隔墙是建筑物的非承重构件，起水平方向分隔空间的作用，因此要求隔墙质量轻、厚度薄、便于安装和拆卸，同时，根据房间的使用特点，还要具备隔声、防水、防潮和防火等性能，以满足建筑的使用功能。

隔墙构造

隔墙按其构造形式，可分为骨架隔墙、块材隔墙和板材隔墙三种主要类型。

（1）骨架隔墙。骨架隔墙又称为立筋式隔墙。它由轻骨架和面层两部分组成。骨架有木骨架、轻钢骨架、石膏骨架、石棉水泥骨架和铝合金骨架等。木骨架是由上槛、下槛、墙筋、横撑或斜撑组成，上、下槛截面尺寸一般为(40～50)mm×(70～100)mm，墙筋之间沿高度方向每隔 1.2 m 左右设一道横撑或斜撑。墙筋间距为 400～600 mm，当饰面为抹灰时，取 400 mm，饰面为板材时取 500 mm 或 600 mm。木骨架具有自重轻、构造简单、便于拆装等优点，但防水、防潮、防火、隔声性能较差，并且耗费大量木材。

轻钢骨架是由各种形式的薄壁型钢加工制成的。它具有强度高、刚度大、质量轻、整体性好，易于加工和大批量生产以及防火、防潮性能好等优点。常用的轻钢有 0.6～1.0 mm 厚的槽钢和工字钢，截面尺寸一般为 50 mm×(50～150)mm×(0.63～0.8)mm。轻钢骨架和木骨架一样，也是由上槛、下槛、墙筋、横撑或斜撑组成。

安装过程是先用射钉将上槛、下槛固定在楼板上，然后安装木龙骨或轻钢龙骨(墙筋和横撑)竖龙骨(墙筋)，竖龙骨的(墙筋)的间距为 400～600 mm。

面层有抹灰面层和人造板材面层。抹灰面层常用木骨架，即传统的板条抹灰隔墙，人造板材可用木骨架或轻钢骨架。板条抹灰隔墙是先在木骨架的两侧钉灰板条，然后抹灰。灰板条的尺寸一般为 1 200 mm×30 mm×6 mm，板条间留缝 7～10 mm，以便让底灰挤入板条间缝背面咬住板条。同时为避免灰板条在一根墙筋上接缝过长而使抹灰层裂缝，一般板条的接头连续高度不应超过 500 mm，如图 3-27 所示。

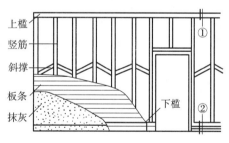

图 3-27　板条抹灰隔墙

人造板材面层骨架隔墙是骨架两侧镶钉胶合板、纤维板、石膏板或其他轻质薄板构成的隔墙，面板可用镀锌螺钉、自攻螺钉或金属夹子固定在骨架上，如图 3-28 所示。为提高隔墙的隔声能力，可在面板间填岩棉等轻质有弹性的材料。

（2）块材隔墙。块材隔墙是指用空心砖、加气混凝土砌块等块材砌筑的墙。为了减轻隔墙自重和节约用砖，可采用轻质砌块隔墙。目前常采用加气混凝土砌块、粉煤灰硅酸盐砌块及水泥炉渣空心砖等砌筑隔墙。砌块隔墙厚度由砌块尺寸决定，一般为 90～120 mm。砌块墙吸水性强，故在砌筑时应先在墙下部实砌 3～5 皮烧结普通砖再砌砌块。砌块不够整齐时宜用烧结普通砖填补。砌块隔墙的构造如图 3-29 所示。

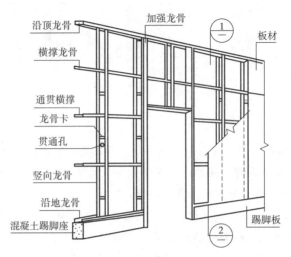

图 3-28　人造板材面层骨架隔墙

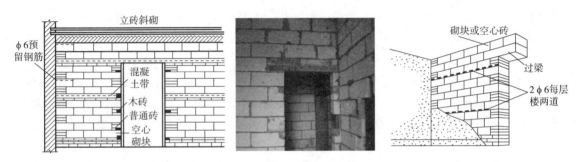

图 3-29　砌块隔墙

（3）板材隔墙。板材隔墙是指轻质的条板用胶粘剂拼合在一起形成的隔墙。板材隔墙是用轻质材料制成的大型板材，施工中直接拼装而不依赖骨架，因此它具有自重轻、安装方便、施工速度快、工业化程度高的特点。目前多采用条板，如加气混凝土条板、石膏条板、炭化石灰板、石膏珍珠岩板，以及各种复合板。条板厚度大多为 60～100 mm，宽度为 600～1 000 mm，长度略小于房间净高。安装时，条板下部先用一对对口木楔顶紧，然后用细石混凝土堵严，板缝用粘结砂浆或胶粘剂进行黏结，并用胶泥刮缝，平整后再做表面装修，如图 3-30 所示。

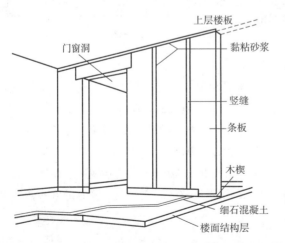

图 3-30　板材隔墙

3.3.2 幕墙构造

幕墙是用轻且薄的板材悬挂于主体结构上的轻质外围护墙，它除承受自重和风力外，一般不承受其他荷载。

幕墙装饰效果好、质轻、安装快，常用的有玻璃幕墙、金属板幕墙和石材幕墙等。

（1）玻璃幕墙。

1）按有无骨架分类，玻璃幕墙可分为有骨架体系玻璃幕墙和无骨架体系玻璃幕墙。有骨架体系玻璃幕墙由骨架及玻璃组成。幕墙骨架可用型钢或铝合金、不锈钢型材及连接与固定的各种连接件、紧固件构成。立柱通过连接件固定在楼板或梁上，立柱与楼板（或梁）之间应留有一定的间隙，以方便施工安装时的调差工作。上下立柱采用内衬套管用螺栓连接，横梁采用连接角码与立柱连接，连接件的设计与安装，要考虑立柱在上下、左右、前后三个方向均可调节移动，连接件上的所有的螺栓孔均应为椭圆形长孔。铝合金骨架的连接构造，如图 3-31 所示。

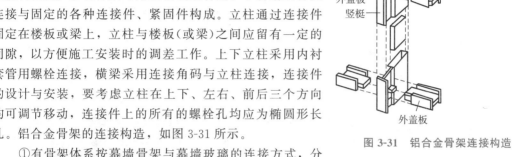

图 3-31 铝合金骨架连接构造

①有骨架体系按幕墙骨架与幕墙玻璃的连接方式，分为明框玻璃幕墙、隐框玻璃幕墙和半隐框玻璃幕墙。

②无骨架体系玻璃幕墙是利用上下支架，直接将玻璃固定在建筑物的主体结构上，形成无遮挡的透明墙面。

2）按构造方式分类，玻璃幕墙可分为明框玻璃幕墙、隐框玻璃幕墙、点支式玻璃幕墙和全玻璃幕墙等，如图 3-32 所示。

（a）　　　　　　（b）　　　　　　（c）　　　　　　（d）

图 3-32 玻璃幕墙分类

（a）明框；（b）隐框；（c）点支式；（d）全玻璃

①明框玻璃幕墙是将玻璃镶嵌在骨架的金属框上，用金属压条卡紧、橡胶条密封，部分幕墙骨架暴露在玻璃外侧，有竖框式、横框式和框格式。在明框玻璃幕墙中，玻璃与金属框接缝处的防水措施，是保证幕墙防风、防雨性能的关键。明框玻璃幕墙构造如图 3-33 所示。

②隐框玻璃幕墙是用胶粘剂将玻璃直接黏结在骨架的外侧，金属骨架全部不显露在玻璃外边。这种玻璃幕墙的装饰效果好，但对玻璃与骨架的粘接技术要求较高。隐框玻璃幕墙构造如图 3-34 所示。

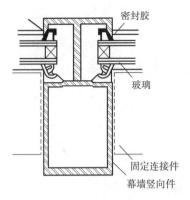

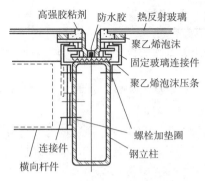

图 3-33　明框玻璃幕墙构造　　　　　图 3-34　隐框玻璃幕墙构造

③点支式玻璃幕墙是用金属骨架或玻璃肋构成支撑体系，再将四角开圆孔的玻璃用连接件固定在支撑体系上。支撑体系包括索杆体系和杆件体系。索杆体系主要有钢拉索、钢拉杆和自平衡索桁架的形式；杆件体系主要有钢桁架和钢立柱的形式，如图 3-35 所示。

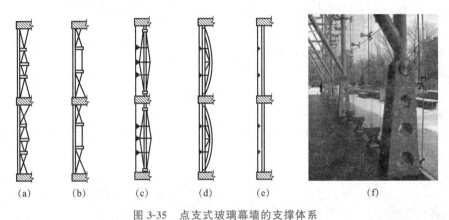

图 3-35　点支式玻璃幕墙的支撑体系

(a)钢拉锁；(b)钢拉杆；(c)自平衡索桁架；(d)钢桁架；(e)钢立柱；(f)点支式玻璃幕墙

玻璃通过螺栓固定在钢爪件上，钢爪件与后面的支撑结构连接，如图 3-36 所示。

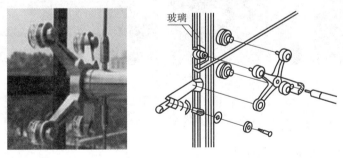

图 3-36　玻璃连接

④全玻璃幕墙由玻璃肋和玻璃面板构成，其支撑系统分为悬挂式和支撑式。悬挂式全玻璃幕墙构造如图 3-37 所示。

全玻璃幕墙的玻璃肋对玻璃面板起支撑作用，使玻璃面板具有抵抗风荷载和地震力作用的能力。玻璃面板与肋的连接，如图 3-38 所示。

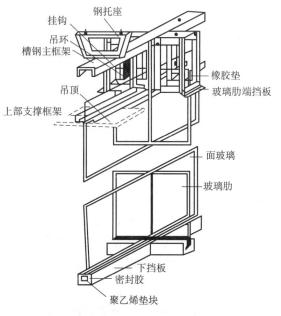

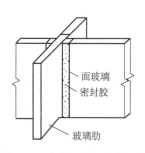

图 3-37 悬挂式全玻璃幕墙构造

图 3-38 玻璃面板与肋的连接

(2)金属板幕墙。金属板幕墙由金属骨架和金属板材组成。金属板既是建筑物的围护构件，也是墙体的装饰面层，用于幕墙的金属薄板有铝合金板、不锈钢板、彩色钢板、铜板和铝塑板等。铝合金板材幕墙的节点构造，如图 3-39 所示。

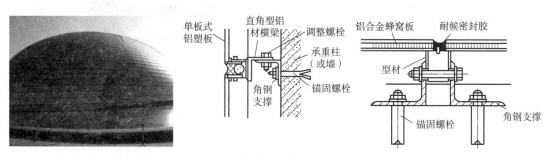

图 3-39 铝合金板材幕墙及其节点构造

(3)石材幕墙。石材幕墙由金属骨架和石材饰面板组成。因为石材板质量大，所以金属骨件一般采用镀锌方钢、槽钢或角钢。石材饰面板用金属件悬挂在骨架上，如图 3-40 所示。

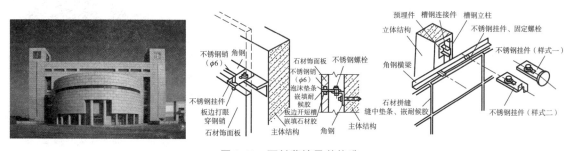

图 3-40 石材幕墙及其构造

3.4　　墙面装饰构造

墙面装修一般由基层和面层组成。基层即支托面层的结构构件或骨架，其表面应平整，并应有一定的强度和刚度。面层附着于基层表面起美化和保护作用，它应与基层牢固结合，且表面需平整均匀。

3.4.1　抹灰类墙面装修

抹灰类墙面装修是指用石灰砂浆、水泥砂浆、水泥石灰混合砂浆、聚合物水泥砂浆、膨胀珍珠岩水泥砂浆，以及麻刀灰、纸筋灰、石膏灰等作为饰面层的装修做法(图3-41)。它主要的优点在于材料的来源广泛、施工操作简便和造价低。但也存在着耐久性差、易开裂、湿作业量大、劳动强度高、工效低等缺点。一般抹灰按质量要求分为普通抹灰、中级抹灰和高级抹灰三级。

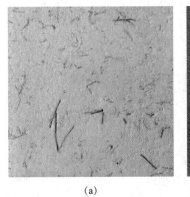

(a) (b)

图 3-41　抹灰类墙面

(a)纸筋灰面层；(b)水泥面层

为了保证抹灰层与基层连接牢固，表面平整均匀，避免裂缝和脱落，在抹灰前应将基层表面的灰尘、污垢、油渍等清除干净，并洒水湿润。同时还要求抹灰层不能太厚，并分层完成。

普通标准的抹灰一般由底层和面层组成，装修标准高的房间，在采用中级或高级抹灰时，还要在面层和底层之间加一层或多层中间层，如图3-42所示。一般室内抹灰层的总厚度为15～20 mm，室外为15～25 mm。

底层抹灰，简称灰底，它的作用是使面层与基层粘牢和初步找平，厚度一般为5～15 mm。底灰的选用与基层材料有关，对烧结普通砖墙、混凝土墙的底灰一般用水泥砂浆、水泥石灰混合砂浆或聚合物水泥砂浆。板条墙的底灰常用麻刀石灰砂浆或纸筋石灰砂浆。另外，湿度较大的房间或有防水、防潮要求的墙体，底灰宜选用水泥砂浆。

中层抹灰的作用在于进一步找平，减少由于底层砂浆开裂导致的面层裂缝，同时也是底层和面层的黏结层，其厚度一般为5～10 mm。中层抹灰的材料可以与底灰相同，也可根据装修要求选用

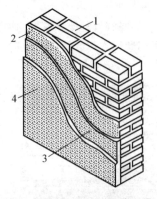

图 3-42　墙面抹灰的构造组成

1—墙体基层；2—底层抹灰；
3—中层抹灰；4—饰面层

其他材料。

面层抹灰，也称罩面，主要起装饰作用，要求表面平整、色彩均匀、无裂纹等。根据面层采用的材料不同，除一般装修外，还有水刷石、干粘石、水磨石、斩假石、拉毛灰、彩色抹灰等做法。

在室内抹灰中，对人群活动频繁、易受碰撞的墙面，或有防水、防潮要求的墙身，常做墙裙对墙身进行保护。墙裙高度一般为1.5 m，有时也做到1.8 m以上。常见的做法有水泥砂浆抹灰、水磨石、贴瓷砖、油漆、铺钉胶合板等。同时，对室内墙面、柱面及门窗洞口的阳角，宜用1：2水泥砂浆做护脚，高度不小于2 m，每侧宽度不应小于50 mm，如图3-43所示。

此外，在室外抹灰中，由于抹灰面积大，为防止面层裂纹和便于操作，或立面处理的需要，常对抹灰面层做分格，称为引条线。引条线的做法是在底灰上埋放不同形式的木引条，待面层抹完后取出木引条，再用水泥砂浆勾缝，以提高抗渗能力，如图3-44所示。

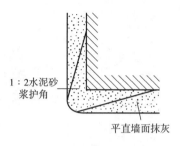

图 3-43　护脚做法

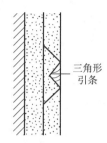

图 3-44　外墙抹灰面引条做法

3.4.2　贴面类墙面装修

贴面类墙面装修是指利用各种天然石材或人造板、块，通过绑、挂或直接粘贴于基层表面的饰面做法（图3-45）。这类装修具有耐久性好、施工方便、装饰性强、质量高、易于清洗等优点。常用的贴面材料有陶瓷面砖、马赛克，以及水磨石、水刷石、剁斧石等水泥预制板和天然的花岗石、大理石板等。其中，质地细腻、耐候性差的材料常用于室内装修，如瓷砖、大理石板等。而质感粗放、耐候性较好的材料多用作室外装修，如陶瓷面砖、马赛克、花岗石板等。

图 3-45　贴面类墙面

（1）陶瓷面砖、马赛克类装修。对陶瓷面砖、马赛克等尺寸小、质量轻的贴面材料，可用砂浆直接粘贴在基层上。在外墙面时，其构造多采用10～15 mm厚1：3水泥砂浆打底找平，用8～10 mm厚1：1水泥细砂浆粘贴各种装饰材料。粘贴面砖时，常留13 mm左右的缝隙，以增加材料的透气性，并用1：1水泥细砂浆勾缝。在内墙面时，多用10～15 mm厚1：3水泥砂浆或1：1：6水泥石灰混合砂浆打底找平，用8～10 mm厚1：0.3：3水泥石灰砂浆粘贴各种贴面材料。

（2）天然石板或人造石板类装修。常见的天然石板有花岗石、大理石板两类。它们具有强度高、结构密实、不易污染、装修效果好等优点。但因为加工复杂、价格高，故多用于高级墙面装修中。人造石板一般由白水泥、彩色石子、颜料等配合而成，具有天然石材的花纹和质感，同时有质量轻、表面光洁、色彩多样、造价较低等优点，常见的有水磨石板、仿大理石板等。天然石板墙面的构造做法，应先在墙身或柱内预埋中距500 mm左右、双向的φ8"Ω"形钢筋，在其上绑扎φ6～φ8的钢筋网，再用16号镀锌铁丝或铜丝穿过事先在石板上钻好的孔眼，将石板绑扎在钢筋网上。固定石板用的横向钢筋间距应与石板的高度一致，当石板就位、校正、绑扎牢固后，在石板与墙或柱面的缝隙中，用1∶2.5水泥砂浆分层灌实，每次灌入高度不应超过200 mm。石板与墙柱间的缝宽一般为30 mm。人造石板装修的构造做法与天然石板相同，但不必在板上钻孔，而是利用板背面预留的钢筋挂钩，用铜丝或镀锌铁丝将其绑扎在水平钢筋上，就位后再用砂浆填缝。

3.4.3 涂料类墙面装修

涂料类墙面装修是指利用各种涂料敷于基层表面形成完整牢固的膜层，从而起到保护和装饰墙面作用的一种装修做法（图3-46）。它具有造价低、装饰性好、工期短、功效高、自重轻，以及操作简单、维修方便等特点，因而在建筑上得到广泛的应用和发展。

涂料按其成膜物的不同，可分为无机涂料和有机涂料两大类。

（1）无机涂料。无机涂料有普通无机涂料和无机高分子涂料两种。普通无机涂料，如石灰浆、大白浆、可赛银浆等，多用于一般标准的室内装修。无机高分子涂料有JH80－1型、JH80

图3-46　室内墙面涂料装修

－2型、JHN84－1型、F832型、LH－82型、LH－82型、HT－1型等。无机高分子涂料有耐水、耐酸碱、耐冻融、装修效果好、价格较高等特点，多用于外墙面装修和有耐擦洗要求的内墙面装修。

（2）有机涂料。依其主要成膜物质与稀释剂不同，有机涂料有溶剂型涂料、水溶性涂料和乳液涂料三类。溶剂型涂料有传统的油漆涂料、苯乙烯内墙涂料、聚乙烯醇缩丁醛内（外）墙涂料、过氯乙烯内墙涂料等；常见的水溶性涂料有聚乙烯醇水玻璃内墙涂料（106涂料）、聚合物水泥砂浆饰面涂料、改性水玻璃内墙涂料、108内墙涂料、ST－803内墙涂料、JGY－821内墙涂料、801内墙涂料；乳液涂料又称乳胶漆，常见的有乙丙乳胶涂料、苯丙乳胶漆涂料等，多用于内墙装修。

建筑涂料的施涂方法一般分为刷涂、弹涂、滚涂和喷涂四种（图3-47）。涂料工程使用的腻子应坚实牢固，不得粉化、起皮和裂纹，待腻子干燥后，还应打磨平整光滑，并清理干净。

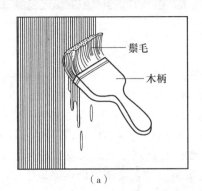

（a）

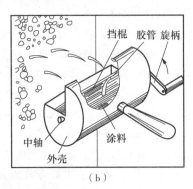

（b）

图3-47　涂料类施工示意图

（a）刷涂；（b）弹涂

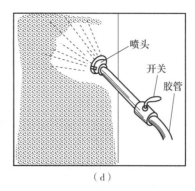

（c） （d）

图 3-47 涂料类施工示意图(续)

(c)滚涂；(d)喷涂

用于外墙的涂料，考虑到长期直接暴露于自然界中经受日晒雨淋的侵蚀，因此要求外墙涂料涂层除应具有良好的耐水性、耐碱性外，还应具有良好的耐洗刷性、耐冻融循环性、耐久性和耐玷污性。当外墙施涂涂料面积过大时，可以外墙的分格缝、墙的阴角处或落水管等处为分界线。在同一墙面应用同一批号的涂料，每遍涂料不宜施涂过厚，涂料要均匀，颜色应一致。

3.4.4　卷材类墙面装修

卷材类墙面装修是指将各种装饰性墙纸、墙布等卷材裱糊在墙面上的一种饰面做法(图 3-48)。在我国，利用各种花纸裱糊、装饰墙面，已有悠久的历史。因为普通花纸怕潮、怕火、不耐久，且脏了不能清洗，所以在现代建筑中已不再应用。但也随之出现了种类繁多的新型复合墙纸、墙布等裱糊用装饰材料。这些材料不仅具有很好的装饰性和耐久性，而且不怕水、不怕火、耐擦洗、易清洁。

凡是用纸或布作衬底，加上不同的面层材料，生产出的各种复合型的裱糊用装饰材料，习惯上都称为墙纸或壁纸。依面层材料的不同，有塑料面墙纸(PVC 墙纸)、纺织物面墙纸、金属面墙纸及天然木纹纸等。墙布是指可以直接用作墙面装饰材料的各种纤维织物的总称，包括印花玻璃纤维墙面装饰布和锦缎等材料。

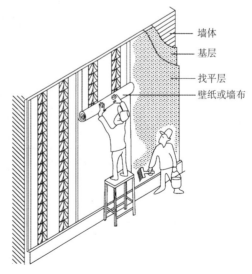

图 3-48　卷材类墙面装修

在卷材工程中，基层涂抹的腻子应坚实牢固，不得粉化、起皮和裂缝。当有铁帽等突出物时，应先将其嵌入基层表面并涂防锈涂料，钉眼接缝处用油性腻子填平，干后用砂纸磨平。为达到基层平整效果，通常在清洁的基层上用胶皮刮板刮腻子数遍。刮腻子的遍数视基层的情况不同而定，抹完最后一遍腻子时应打磨，光滑后再用软布擦净。对有防水或防潮要求的墙体，应对基层进行防潮处理，在基层涂刷均匀的防潮底漆。

墙面应采用整幅裱糊，并统一预排对花拼缝。不足一幅的应裱糊在较暗或不明显的部位。裱糊的顺序为先上后下、先高后低，应使饰面材料的长边对准基层上弹出的垂直准线，用刮板或胶辊擀平压实。阴阳转角应垂直，棱角分明。阴角处墙纸（布）搭接顺光，阳角处不得有接缝，并应包角压实。

模块小结

墙体在建筑中扮演着至关重要的角色。它不仅是建筑物的骨架，还具有承重、围护和分隔的功能。墙体的类型多样，可以根据其在建筑中的位置、受力特点、使用材料和施工方法进行分类。例如，墙体可以是外墙或内墙，承重墙或非承重墙，以及根据材料可以分为砖墙、砌块墙、钢筋混凝土墙等。了解这些基本概念对于掌握墙体设计和施工至关重要。

墙体施工要求严格遵循质量控制标准，以确保建筑物的安全性和耐用性。砖墙作为常见的墙体类型，其材料选择、尺寸规格和组砌方式对墙体质量有着直接影响。正确的砌筑方法，如一顺一丁式砌法，能够增强墙体的整体性和稳定性。此外，墙体的细部构造，包括圈梁、构造柱、填充墙等，对提升墙体的抗震性能和承载能力同样重要。

墙面装修是建筑内部和外部美观性的重要体现。它不仅能够提升建筑的美观度，还能提供必要的保护功能。墙面装修的方法多样，包括抹灰、贴面、涂料和卷材等，每种方法都有其独特的施工技巧和适用场景。例如，抹灰类墙面装修注重基层和面层的结合，而涂料类墙面装修以其快速施工和易于更新的特点受到欢迎。了解这些装修方法对于选择合适的装修材料和工艺，实现预期的装饰效果具有重要意义。

拓展训练

一、填空题

1. 墙体的承重方案有四种方式：_____、_____、_____、_____。

2. 墙体在建筑中主要承担_____、_____和_____作用。

3. 墙体的设计要求包括足够的强度、稳定性、保温隔热、_____、_____、_____，以及建筑工业化要求。

4. 常见的砖墙材料有砖和_____。

5. 普通标准砖的规格为_____mm，与灰缝 10 mm 组成了砖墙砌块的_____。

6. 散水也称_____，与外墙交接处应设_____。

7. 门窗过梁的常见类型有_____、_____、_____。

8. 钢筋砖过梁通常将不少于_____的钢筋埋在厚度为 30 mm 的砂浆层内。

9. 构造柱最小截面尺寸为_____，最小配筋一般为主筋_____，箍筋_____。

10. 砌筑墙体时，为了保证结构的整体性，应采用交错砌筑法，且上下错缝不得小于____mm。

11. 常见的隔墙形式有_____、_____、_____三大类。

12. 常见的墙面装修方法有涂料类、贴面类、_____、_____。

13. 幕墙的主要承重构件是铝合金立柱和_____。

14. 玻璃幕墙按构造方式分类，分为_____、_____、_____、_____等。

15. 涂饰类墙面装饰常用的施工方法有_____、_____、_____、_____等。

16. 墙面装修时，为了保证涂料施工质量，基层处理应平整、干净，并应有一定的_____和_____。

二、简答题

1. 墙体承重方案有哪几种？其使用范围如何？

2. 实心砖砌墙组砌的主要方式有哪几种？

3. 墙体的构造主要有哪些？

4. 简述钢筋混凝土过梁的构造要求。

5. 简述构造柱的作用、设置位置及构造要求。

6. 简述勒脚、散水的一般构造要求。

7. 简述抹灰类墙面装修的做法。

模块4 楼地层构造

【知识目标】

1. 了解楼地层的构造组成。

2. 掌握常见楼地板的类型、构造与适用范围。

3. 熟悉顶棚、阳台及雨篷的构造。

【技能目标】

1. 能识读与绘制楼地层构造图。

2. 能识读建筑施工图中的楼地层工程做法。

【素养目标】

1. 具有遵纪守法、严守规范规程的法律意识。

2. 养成细致严谨、互帮互助的精神。

4.1 楼地层的基本知识

楼地层包括楼板层和地坪层(无地下室),是房屋的重要水平承重构件(图4-1)。楼板层承受楼面活荷载及自重,并将荷载传递给梁、墙或柱等结构构件,且与梁、墙或柱形成一个整体,共同抵抗水平风荷载或地震产生的水平荷载;地坪层是建筑底层与土壤直接接触的地面部分,其荷载直接传递给基础或地基。楼地层在建筑中具有分隔上下层空间、隔声、保温、防水等功能。

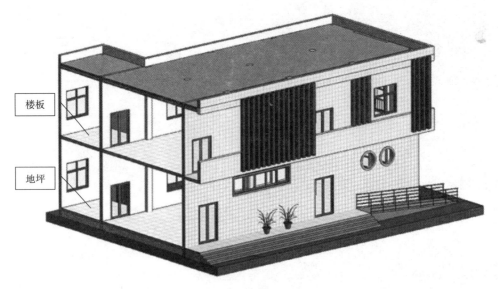

楼板

地坪

图4-1 楼地层位置

4.1.1 地坪的组成

地坪自上而下通常包括面层、垫层、地基三部分，根据具体设计要求可在面层与垫层之间设置附加层(图 4-2)。

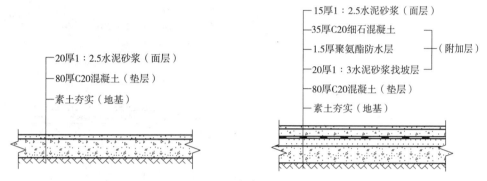

图 4-2 地坪的构造组成

1. 面层

面层是地坪层最上表面的装饰层，俗称地面，与人、家具设备直接接触，起到保护结构层、承受并传递荷载、装饰等作用，应满足耐磨、防水、平整、易清洁等要求。

2. 垫层

垫层是地坪层的结构层，起到承重与传力的双重作用，即承受面层传递下来的荷载，又将荷载传递给地基。民用建筑的地面垫层均采用 80 mm 厚 C20 混凝土，工业建筑的地面垫层可根据计算加厚，在工程设计图中标示。

3. 地基

地基也可以称为基层，必须具有足够的强度与刚度来承受垫层传递过来的荷载。对于地基情况良好的土层，一般可采用素土夯实的方式处理；对于地基情况不良的土层，可采用换土、加入碎石或碎石灌混合砂浆等方式加固地基。

4. 附加层

根据建筑实际需要增设的如结合层、找平层、防潮层、防水层等附加构造层。

4.1.2 楼板的组成

楼板自上而下通常包括面层、结构层、顶棚层三部分，根据具体设计要求可增设附加层(图 4-3)。

1. 面层

面层位于楼板的上表面，也可称为楼面。与人、家具设备等直接接触，起到保护结构层、承受并传递荷载、装饰等作用。

2. 结构层

结构层又称为承重层，由梁、板等承重构件组成，承受楼板自重及上部传递下来的恒荷载与活荷载，并将全部荷载传给墙或柱，应有足够的强度、刚度和耐久性。

3. 顶棚层

顶棚层又称为天花板，位于结构层下方，主要起到保护结构层和装饰作用。

4. 附加层

当楼面基本构造层次不能满足使用或构造要求时，可增设结合层、隔离层、找坡层、填充层等其他构造层，统称为附加层。

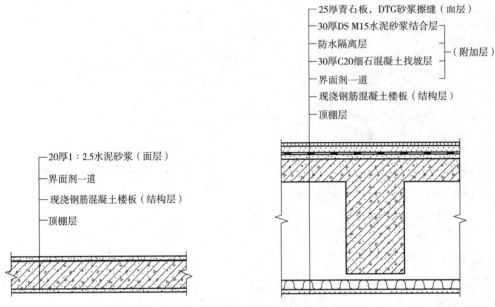

图 4-3　楼板的构造组成

4.2　楼板的类型与构造

4.2.1　楼板的类型

1. 按使用材料划分

楼板按照使用材料的不同，楼板结构层可分为木楼板、砖拱楼板、钢筋混凝土楼板、压型钢板混凝土组合楼板等。

(1)木楼板构造简单、自重轻、保温性能好，但耐火性、耐久及隔声效果差，木材消耗量大，一般常见于木材丰富地区及古建筑中[图 4-4(a)]。

(2)砖拱楼板采用砖砌而成，具有节约木材、钢筋、水泥等材料的特点，但自重大、抗震性能差、施工复杂，一般用于有地方特色的建筑中，目前基本停用[图 4-4(b)]。

(3)钢筋混凝土楼板具有强度高、刚度大、耐火耐久性能好，满足不同异性构件需求，便于工业化生产和机械化施工，因此被广泛使用[图 4-4(c)]。

(4)压型钢板混凝土组合楼板是利用压型钢板做衬板与现浇钢筋混凝土一起支承在钢梁上形成的整体式楼板结构[图 4-4(d)]。

压型钢板的跨度一般为 2～3 m，与钢梁之间用栓钉连接，上面混凝土的浇筑厚度为 100～150 mm(图 4-5)。压型钢板混凝土组合楼板中压型钢板既是面层混凝土的模板，又是板底的受拉钢筋。这种楼板承载力大，刚度和稳定性好，现场作业方便，施工进度加快，但耗钢量大，板底需做防火处理，一般适用于大空间和高层钢结构建筑中。

图 4-4 常见的楼板类型

(a)木楼板；(b)砖拱楼板；(c)钢筋混凝土楼板；(d)压型钢板混凝土组合楼板

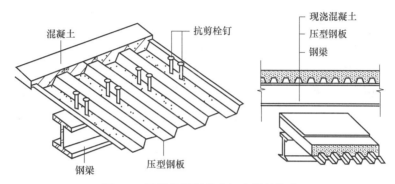

图 4-5 压型钢板混凝土组合楼板构造

2. 按施工方法划分

楼板按照施工方法不同，可分为现浇整体式、预制装配式和装配式整体式三种类型。

现浇混凝土楼板

4.2.2 现浇整体式钢筋混凝土楼板

现浇整体式钢筋混凝土楼板简称现浇楼板，是经现场支模、绑扎钢筋、浇筑振捣混凝土、养护及拆模等施工工序而制成的楼板(图 4-6)。这种楼板具有整体性能好、抗震性能好、刚度大、结构布置灵活、易成型的优点，但模板用量大、工期长、施工易受季节影响。这种楼板适用于考虑抗震及形状不规则的建筑。

图 4-6 现浇钢筋混凝土楼板施工

(a)支设模板；(b)绑扎钢筋；(c)浇筑混凝土；(d)养护成型

现浇钢筋混凝土楼板根据传力路径不同，可分为板式楼板、梁板式楼板、无梁楼板、现浇空心楼板(图 4-7)。

图 4-7　现浇钢筋混凝土楼板类别

(a)板式楼板；(b)梁板式楼板；(c)无梁楼板；(d)现浇空心楼板

1. 板式楼板

板式楼板是直接支承在墙上的平板，根据四周支撑情况及板的长短边边长的比值，可把板分为单向板、双向板和悬挑板。

(1)单向板。沿两对边支承的板，或板虽为四边支承，但其长、短边比值≥3时，板上荷载主要沿短边传递，这种板称为单向板[图 4-8(a)]。单向板的厚度≥1/30 跨度，且≥60 mm。

(2)双向板。沿四边支承的板，当长边与短边长度之比≥2时，板上的荷载将沿两个方向传递，这种板称为双向板[图 4-8(b)]。当长边与短边长度之比＞2，但＜3时，宜按双向板设计。双向板的厚度≥1/40 跨度，且≥80 mm。

(3)悬挑板。悬挑板是指只有一边固定在建筑主体结构上的板。悬挑板板厚为挑出长度的1/35，且根部≥60 mm，从受力角度考虑悬挑板的端部厚度一般小于根部厚度。

板式楼板底面平整，便于支模施工，但楼板跨度小，适用于平面尺寸较小的房间(如厨房、厕所、储藏室、走廊)楼板及雨篷、遮阳板等。

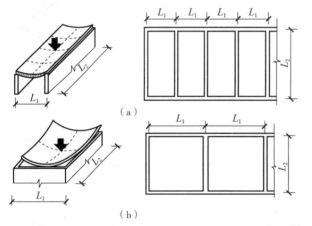

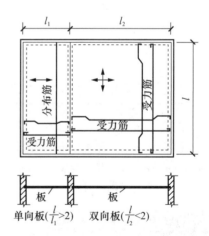

图 4-8　板式楼板

(a)单向板；(b)双向板

2. 梁板式楼板

当房间平面尺寸较大时，可在楼板下设梁来减小板的厚度，这种由梁、板组成的楼板称为梁板式楼板。根据梁的布置情况，梁板式楼板可分为单梁式楼板和双梁式楼板。

(1)单梁式楼板。当房间平面尺寸不大时，仅在一个方向上设梁，梁直接支撑在承重墙上，这种形式的楼板称为单梁式楼板(图 4-9)。单梁式楼板上的荷载先由板传递给梁，再由梁传递给墙或柱，适用于教学楼、办公楼等建筑。

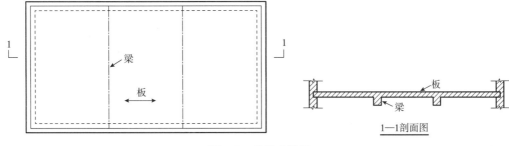

图 4-9　单梁式楼板

（2）双梁式楼板。当房间平面尺寸较大时，需要在两个方向上设梁，这种楼板称为双梁式楼板。双梁式楼板由板、次梁、主梁组成，可分为单向板梁式楼板、双向板梁式楼板和井字楼板（图 4-10）。楼板支撑在柱、墙等竖向承重构件上，板的荷载传给次梁，次梁的荷载传给主梁，主梁再将荷载传给墙、柱。其中，次梁的间距为板的跨度，主梁的间距为次梁的跨度，柱或墙的间距为主梁的跨度。一般情况下，楼板的主梁经济跨度为 5～8 m，次梁的经济跨度为 4～6 m，板的跨度一般为 1.5～3 m。双梁式楼板传力线路明确，受力合理，当房间的开间、进深较大，楼面承受的荷载较大时，常采用这种楼板，如教学楼、办公楼、商店等。

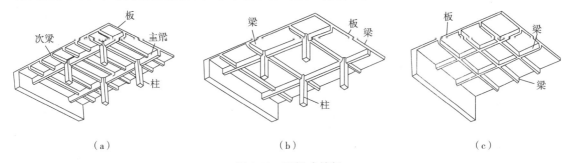

图 4-10　双梁式楼板

（a）单向板梁式楼板；（b）双向板梁式楼板；（c）井字楼板

井字楼板是双梁式楼板的一种特例，其特点是楼板两个方向的梁不分主次，截面相同，呈井字形。因此，井字楼板宜用于正方形平面，长短边之比不超过 1.5 的矩形平面也可采用。梁与楼板平面的边线可正交也可斜交，分别称为正井式和斜井式（图 4-11）。井字楼板的底部结构整齐，装饰性强，有利于提高房屋的净空高度，一般多用于公共建筑的门厅和大厅式的房间，如会议室、餐厅、小礼堂、歌舞厅等。

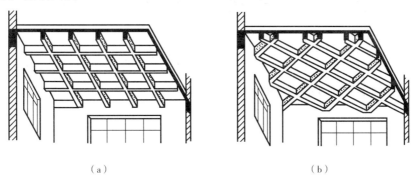

图 4-11　井字楼板

（a）正井式；（b）斜井式

3. 无梁楼板

无梁楼板是一种不设、楼板直接支撑在柱上的楼板。与相同柱距的肋梁楼板相比，其板厚要大些。当楼面荷载较大时，为了提高柱顶处楼板的抗冲切能力、减小板的跨度，一般在柱顶设置柱帽和托板（图 4-12）。无梁楼板的柱间距一般为 6 m，呈方形或接近方形布置，板厚不小于150 mm，一般为 160～200 mm。

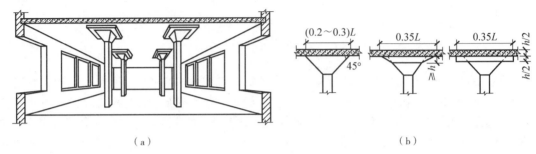

图 4-12　无梁楼板

(a)无梁楼板；(b)柱帽形式

无梁楼板的板底平整，视觉效果好，通风采光好，室内有效空间大，常用于多层的工业与民用建筑中，如商店、仓库、厂房等。

4. 现浇空心楼板

现浇空心楼板是按一定规则在楼板中放入永久性内模，并在内模之间布置钢筋骨架，然后浇筑混凝土而成的空心楼板（图 4-13）。"内模"一般为轻质材料制成，主要起到规范成孔的作用，当混凝土成型，达到设计强度后，内模也就完成了工作使命，不用取出，也不参与结构受力。现浇空心楼板置入内模，从而使楼板自重减轻，跨度增大，混凝土用量减少，层高降低，隔声、隔热效果也得到了很好的改善。

图 4-13　现浇空心楼板

4.2.3　预制装配式钢筋混凝土楼板

预制装配式钢筋混凝土楼板是指在预制厂或施工现场之外预先制作，运到施工现场进行安装的楼板。这种楼板不需要在现场浇筑，可以加快施工进度，便于实现工业化生产，减轻工人劳动强度。但是预制混凝土楼板建筑的整体性差，不利于抗震，楼板灵活性也不如现浇板，也不宜在楼板上开洞，目前主要用在多层砌体房屋中。

1. 预制板的类型

预制装配式钢筋混凝土楼板按截面形式，可分为实心平板、空心板和槽形板三种(图 4-14)。

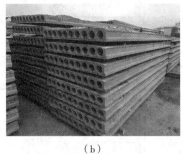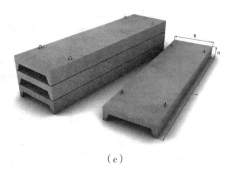

（a）　　　　　　　　　　（b）　　　　　　　　　　（c）

图 4-14　预制板的类型

(a)实心平板；(b)空心板；(c)槽形板

(1)实心平板。实心平板上下板面平整，板的跨度一般较小，不超过 2.4 m，如做成预应力构件跨度可达 2.7 m。板厚一般为板跨的 1/30，常用板厚度为 60～80 mm，宽度为 600～1 000 mm，如图 4-14(a)所示。

预制实心平板制作简单、造价低，但隔声效果差，常用于小跨度的走道板、管沟盖板、搁板、阳台栏板等。

(2)空心板。空心板是将平板沿纵向抽孔而形成。板中孔的断面有方形、椭圆形和圆形等，如图 4-14(b)所示。其中圆孔板构造合理，制作方便，最为常见。空心板的跨度一般为 2.4～7.2 m，板宽通常为 500～1 200 mm，板厚为 120～240 mm。

预制空心板板面平整，地面及顶棚容易处理，且隔声、保温隔热效果好，因此大量地用作工业和民用建筑楼板和屋面板，其缺点是板面不能任意开洞。

(3)槽形板。槽形板是由顶面(或底面)的平板和四周及中部的小梁(又称为肋)组成，是肋梁与板的组合构件，如图 4-14(c)所示。槽形板由于有肋，其允许的跨度可以大些，跨度一般为 3～7.2 m，板宽为 600～1 200 mm，板厚为 25～35 mm，肋高为 150～300 mm。

当肋在板下时，槽口向下，为正槽板；当肋在板上时，槽口向上，为反槽板。如正槽板的受力合理，但板底的肋梁使顶棚凸凹不平隔声效果差，常用于对观瞻要求不高或做吊顶的房间。反槽板受力不如正槽板，板上方需做构造处理(如假设木地板做地面等)，但板底平整，槽内可填充轻质材料以提高楼板的隔声、保温隔热效果，常用于有特殊隔声、保温隔热要求的建筑。

2. 预制板的安装构造

(1)预制板的布置方式。预制板的布置方式视结构布置方案而定，一般应根据房间的平面尺寸并结合板的规格确定，一种是板直接搁置在墙上，形成板式结构；另一种是先将板搁置在梁上，梁再搁置在墙或柱子上的梁板式结构(图 4-15)。

在进行板的结构布置时，首先应根据房间的开间和进深尺寸确定板的支撑方式，然后根据板的规格进行合理安排，选择一种或几种板进行布置，布置时应注意以下几点。

1)尽量减少板的规格、类型。板的规格过多，施工复杂，且容易混淆出错。

2)为减少板缝的现浇混凝土量，应优先选用宽板，窄板作调剂之用。

3)板的布置应尽量避免出现三面支撑情况，防止板在荷载作用下产生裂缝(图 4-16)。

4)按板支承在墙上或梁上的净尺寸计算楼板的块数，不够整块数的尺寸可以通过调整板缝、墙边挑砖或局部现浇混凝土板等办法解决。

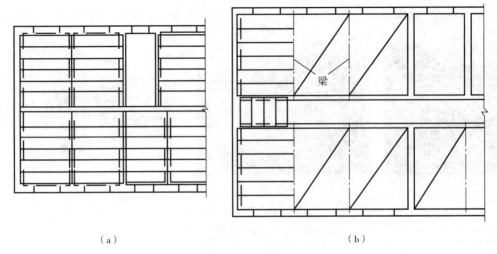

（a）　　　　　　　　　　　　　　（b）

图 4-15　预制板的搁置构造

（a）板式结构布置；（b）梁板式结构布置

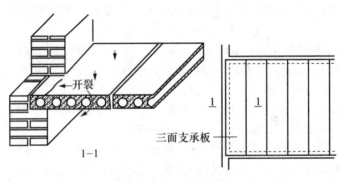

图 4-16　三面支承楼板

（2）预制板的搁置构造。预制板搁置在墙或梁上应有足够的支承长度，在外墙上的搁置长度≥120 mm，在内墙上的搁置长度≥100 mm，在钢筋混凝土梁上的搁置长度≥80 mm。预制板在安装前，为使板和墙（或梁）之间有可靠连接，保证板的平稳和传力均匀，应先在墙或梁上铺 10～20 mm厚的水泥砂浆（俗称"坐浆"）；板安装后，板端缝内需用细石混凝土或水泥砂浆灌缝，若为空心板，应用混凝土或砖填塞端部孔洞（俗称"堵头"），目的是提高板端的承压能力，避免灌缝材料进入孔洞内（图 4-17）。

此外，为增强建筑物的整体刚度，特别是地基条件较差地段或地震区，应在板与墙、梁之间或板与板之间设置钢筋拉结（图 4-18）。

（3）预制板的侧缝构造。为了便于板的铺设，预制板之间应留有 10～20 mm 的缝隙，板铺设完毕之后，用细石混凝土或水泥砂浆灌实，以加强预制楼板的整体性，同时保证振捣密实，避免出现裂缝，影响使用和美观。为提高抗震能力，还可将板端露出的钢筋交错搭接在一起，或加钢筋网片，再灌细石混凝土。板缝的形式和预制板的侧边形状有关，有 V 形缝、U 形缝和凹槽缝三种（图 4-19）。

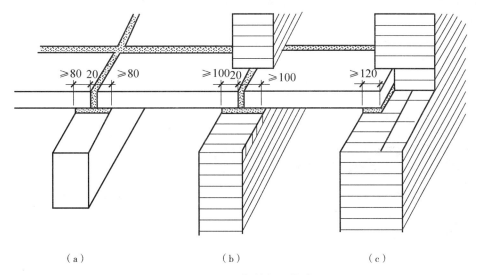

图 4-17　预制板的搁置构造

(a)搁置在梁上；(b)搁置在内墙上；(c)搁置在外墙上

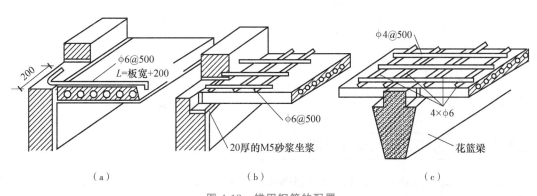

图 4-18　锚固钢筋的配置

(a)板侧锚固；(b)板端锚固；(c)花篮梁上锚固

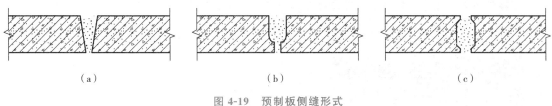

图 4-19　预制板侧缝形式

(a)V形缝；(b)U形缝；(c)凹槽缝

　　当板宽方向的尺寸与房间的尺寸出现差值，即出现不足以排开一块板的余缝时，应根据排板数量和缝隙的大小，考虑采用调整板缝的方式解决。当板的缝隙存在不同宽度时，按以下方式处理：

　　1)当缝隙宽度≤60 mm时，可调节板缝，使其≤30 mm，然后在缝中灌入C20细石混凝土[图 4-20(a)]。

2）当缝隙宽度为 60～120 mm，可在灌缝的混凝土中加配 2Φ6 通长钢筋或挑砖［图 4-20（b）、（c）］。

3）当缝隙宽度为 120～200 mm，设现浇钢筋混凝土板带，且将板带设在墙边或有穿管的部位［图 4-20（d）］。

4）当缝隙宽度＞200 mm 时，采用调缝板或重新选择板的规格。

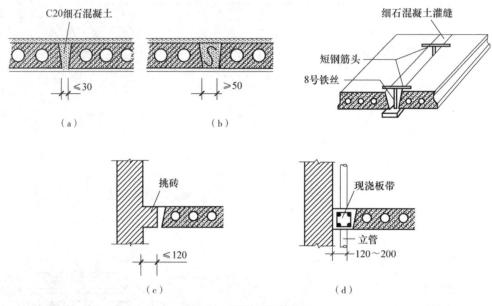

图 4-20　预制板侧缝处理

4.2.4　装配式整体式钢筋混凝土楼板

装配式整体式钢筋混凝土楼板是先预制部分构件，然后现场安装，最后以整体现浇的方法将其连成一体的楼板。它综合了现浇式楼板整体性好和预制式楼板施工简单、工期短的优点，板中预制薄板具有结构、模板、装修等多种功能，适用于住宅、宾馆、教学楼、办公楼、医院等建筑。

叠合楼板的跨度一般为 4～6 m，最大可达 9 m，总厚度以大于或等于预制薄板厚度的两倍为宜。预制薄板宽为 1.1～1.8 m，薄板厚不宜小于 60 mm，板面上留凹槽或预留三角形结合钢筋（图 4-21）。

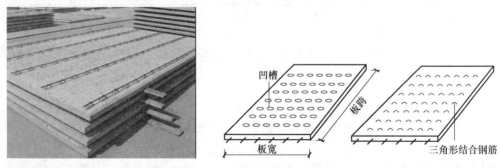

图 4-21　装配式整体式叠合楼板

4.3.1 楼地面的构造

楼地面是楼板层面层和地坪层面层的总称，是人们日常生活、工作、学习必须接触的部分。楼地面的材料和做法应根据房间的使用要求和装饰要求来选择，按面层材料和施工工艺的不同，楼地面可分为整体楼地面、块材楼地面、涂料楼地面和卷材楼地面等。

1. 整体楼地面

整体楼地面是用在现场拌和的湿料，经浇抹形成的楼地面。整体楼地面具有构造简单、取材方便、造价低的特点，是一种应用较广泛的楼地面。按材料不同，整体楼地面可分为有水泥砂浆楼地面、细石混凝土楼地面、现浇水磨石楼地面、水泥基自流平流地面等。

（1）水泥砂浆楼地面。水泥砂浆楼地面是在混凝土垫层或楼板上抹压水泥砂浆形成的楼地面，其特点是构造简单、坚固、耐磨、防水、造价低廉，但导热系数大、易结露、易起灰、不易清洁，适用于标准较低的建筑物中。为防止地面"起砂"，施工时应撒干水泥粉抹压，增加其表面强度，施工完成后要浇水养护避免开裂（图 4-22）。

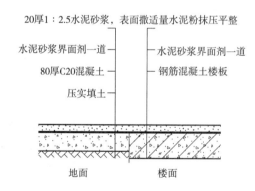

图 4-22 水泥砂浆楼地面构造

（2）细石混凝土楼地面。细石混凝土楼地面刚性好、强度高且不易起砂。其做法是在基层（垫层或楼板）上浇筑 30～40 mm 厚 C25 细石混凝土随打随压光（图 4-23）。为提高整体性、满足抗震要求，可内配 φ6@200 的钢筋网，也可用沥青代替水泥做胶粘剂，做成沥青混凝土地面，增强地面的防潮与耐水性。

（3）现浇水磨石楼地面。现浇水磨石楼地面是将水泥石渣浆浇抹硬结后，经磨光打蜡而成的楼地面（图 4-24）。现浇水磨石楼地面所用胶结材料为水泥，骨料为大理石、白云石等中等硬度石料的石屑，可根据面层图案设计加入不同的颜料。现浇水磨石楼地面一般分两层施工，底层用 10～20 mm 厚的 1:3 水泥砂浆找平后，上层用 1:1 的水泥砂浆呈八字角固定分格条（可为铜条、铝条或玻璃条），再按设计图案在不同的分格内填上拌和好的水泥石渣浆，并抹面，经养护一周后磨光打蜡形成。

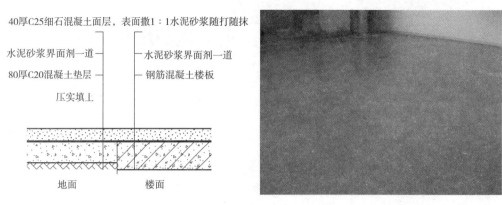

图 4-23　细石混凝土楼地面构造

40厚C25细石混凝土面层，表面撒1：1水泥砂浆随打随抹

水泥砂浆界面剂一道

80厚C20混凝土垫层

压实填土

水泥砂浆界面剂一道

钢筋混凝土楼板

地面　　楼面

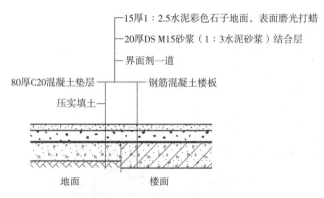

15厚1：2.5水泥彩色石子地面，表面磨光打蜡

20厚DS M15砂浆（1：3水泥砂浆）结合层

界面剂一道

80厚C20混凝土垫层

压实填土

钢筋混凝土楼板

地面　　楼面

图 4-24　现浇水磨石楼地面构造

　　（4）水泥基自流平楼地面。水泥基自流平楼地面是由水泥、骨料和粉状添加剂等多种材料组成的（图 4-25）。其中，水泥是主要成分，骨料是填充物，粉状添加剂可以改善其流动性、抗裂性等性能。其构造做法是在垫层或楼板层上部刷自流平界面剂后，铺设 5 mm 厚水泥基自流平面层，最后再采用环氧型或混凝土进行表面固化。水泥基自流平楼地面具有自流平性、抗压强度高、平整度好、耐磨耐腐蚀的特点，适用于各种工业、商业场所的地面装修。

　　当基层有坡度设计时，水泥基自流平砂浆可用于坡度≤1.5%的地面，对于 1.5%＜坡度≤5%的地面，基层应采用环氧底涂撒砂处理，并应调整自流平砂浆流动度。

封闭剂或水泥固化剂2道

5厚水泥基自流平面层

自流平界面剂二道

50厚C25细石混凝土

界面剂一道

80厚C20混凝土垫层

压实填土

钢筋混凝土楼板

地面　　楼面

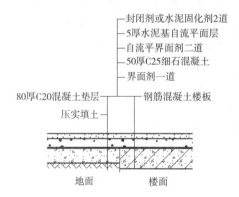

图 4-25　水泥基自流平楼地面构造

2. 块材楼地面

块材楼地面是以天然或人造预制块材或板材作为面层材料,通过铺贴形成的楼地面。根据地面材料的不同有陶瓷板块楼地面、石材板块楼地面、木地板块楼地面、PVC板块楼地面等。

(1)陶瓷板块楼地面。陶瓷板块楼地面是用陶土或瓷土经人工烧结而成的小块地砖,有缸砖、瓷砖、陶瓷锦砖等。它们均属于小型块材,铺贴工艺相类似,一般做法是在混凝土垫层或楼板上抹 30 mm 厚的 1∶3 干硬性水泥砂浆土找平,再用 1∶1 的水泥砂浆或水泥胶(水泥∶107 胶∶水 = 1∶0.1∶0.2)粘贴,最后用 DTG 水泥浆擦缝。陶瓷锦砖在整张铺贴后,用滚筒压平,使水泥砂浆挤入缝隙,待水泥砂浆硬化后,用草酸洗去牛皮纸,再用白水泥浆擦缝。陶瓷板块楼地面构造如图 4-26 所示。

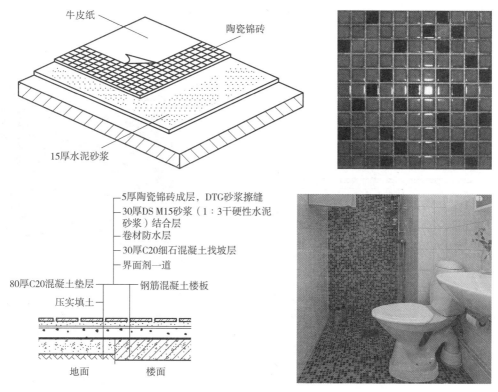

图 4-26　陶瓷板块楼地面构造

陶瓷板块楼地面坚硬耐磨、色泽稳定、易于保持清洁,而且具有较好的耐水和耐酸碱腐蚀的性能,但造价偏高,一般用于有水或有腐蚀的房间。

(2)石材板块楼地面。石材板块楼地面的面层材料有天然石材和人造石材(图 4-27)。天然石材有大理石和花岗石。天然石材具有较好的耐磨性、耐久性和装饰性,但造价较高。人造石材有预制水磨石板、人造大理石板等,价格低于天然石板,具有品种多,选择面广的特点,故应用较为广泛。

花岗石板、大理石板的尺寸一般为 300 mm × 300 mm、600 mm × 600 mm、800 mm × 800 mm,厚度为 20~30 mm。铺设前应按房间尺寸预定制作,铺设时需预先试铺,合适后再开始正式粘贴,具体做法是先在混凝土垫层或楼板找平层上实铺 30 mm 厚 1∶3 干硬性水泥砂浆结合层,表面撒素水泥面(洒适量清水),然后铺贴楼地面板材,将缝隙挤紧,用橡皮锤或木锤敲实,最后用 DTG 浆擦缝(图 4-28)。

（a）　　　　　　　　　　　　（b）　　　　　　　　　　　　（c）

图 4-27　人造石板材

(a)预制水磨石板；(b)花岗石板；(c)大理石板

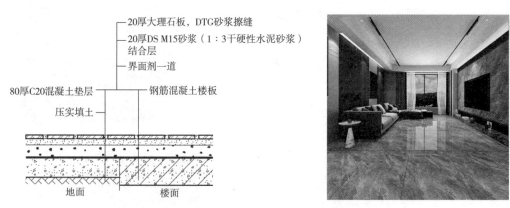

图 4-28　大理石板块楼地面构造

（3）木地板块楼地面。木地板块楼地面是在楼板或地坪基层铺设木质板块而形成的楼地面。它具有良好的弹性、吸声能力和保温隔热性，易于保持清洁，装饰效果好，常用于住宅、宾馆、体育馆、剧院舞台建筑中。

木地板块楼地面按材料划分，可分为实木楼地面、复合木楼地面、强化复合木楼地面、竹木楼地面和软木楼地面等。实木楼地面是木材经烘干加工而成的木质板块，其花纹自然、脚感舒适，但稳定性较差，造价高。复合木楼地面是由耐磨层、装饰层、高密度基材层、防水层经胶合压制，四边开榫而成，具有强度高、精度高、耐磨、阻燃、耐污、无须上漆打蜡、易打理的特点，最适合现代家庭生活节奏，近年来使用范围广。强化复合木楼地面是由不同树种的板材交错层压而成，它克服了实木板材尺寸稳定性差的缺点，且保留了实木板材的自然木纹和舒适的脚感，兼稳定性与美观性于一体，是木楼地面行业发展的趋势(图 4-29)。

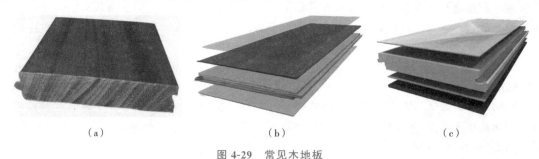

（a）　　　　　　　　　　　　（b）　　　　　　　　　　　　（c）

图 4-29　常见木地板

(a)实木地板；(b)复合木地板；(c)强化复合木地板

木地板块楼地面按工艺划分，可分为直接黏结法、悬浮铺设法和龙骨铺设法三种。

1）直接黏结法。直接黏结法是在混凝土垫层或楼板上先用水泥砂浆找平，干燥后用专用胶粘剂黏结木地板（图4-30），地板成品已带油漆或复合地板不用在木地板表面刷地板漆。木地板在粘铺前，需先在其背面涂防腐剂再涂胶粘剂。若为地坪层地面，则应在找平层上设防潮层，或直接用沥青砂浆找平。

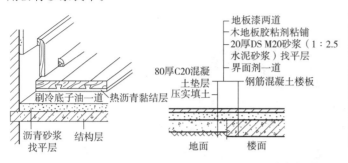

图 4-30　直接黏结法

2）悬浮铺设法。悬浮铺设法可用于复合木地板的铺设，先在较平整的基层上铺设一层聚乙烯薄膜做防潮层，然后将木地板逐块排接铺设，并将四周榫槽用专用的防水胶密封，以防止地面水向下浸入（图4-31）。本做法不用胶满粘，构造简单快捷，适用于相对较小面积的铺装，如家居空间。

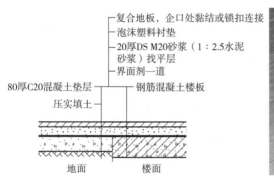

图 4-31　悬浮铺设法

3）龙骨铺设法。龙骨铺设法是先在混凝土垫层或楼板上固定木龙骨，然后在木龙骨上铺定木地板而形成的木楼地面，木板可做成单层或双层，见表4-1。木龙骨的断面尺寸一般为50 mm×50 mm或50 mm×70 mm，间距为400～500 mm。木地板常用的有条木地板和拼花木地板。条木地板一般为长条企口板，宽50～150 mm，直接铺钉在木龙骨上。拼花木地板是由长度为200～300 mm的窄条硬木地板纵横镶铺而成，铺设时需先在木龙骨上斜铺毛木板（图4-32）。

表 4-1　龙骨铺设构造

单层木地板	双层木地板
1. 地板漆2道	1. 地板漆2道
2. 18厚企口木地板，背面满刷木材防腐剂，木地板钉45°斜钉	2. 18厚企口木地板，背面满刷木材防腐剂，木地板钉45°斜钉
3. 泡沫塑料衬垫	3. 泡沫塑料衬垫
4. 30×50木横撑中距400，表面刷木材防腐剂	4. 双层9厚毛地板，长边方向与实木地板长边方向垂直，并预留3～5间隙
5. 30×50木龙骨中距400，架空20，表面刷木材防腐剂	5. 30×50木横撑中距400，表面刷木材防腐剂
6. 20厚木龙骨垫片，中距400×800	6. 30×50木龙骨中距400，架空20，表面刷木材防腐剂
	7. 20厚木龙骨垫片，中距400×800

单层木地板	双层木地板
7. 80 厚 C20 混凝土垫层 8. 压实填土,压实系数不小于 90%	8. 现浇钢筋混凝土楼板或预制楼板现浇叠合层
地面	楼面

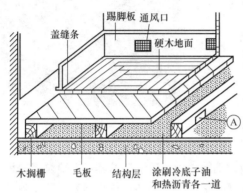

图 4-32　龙骨铺设法

(4)PVC 板块楼地面。聚氯乙烯塑料(PVC)板块楼地面是以有机物为主要材料,经塑化热压而成的板块。作为地面覆盖材料的楼地面,PVC 板块楼地面具有色彩鲜艳、装饰效果好、质量轻、弹性好、价格低、易于保护的优点,一般用于装修要求不高、人流量大的建筑中。

PVC 板块楼地面的一般做法是在混凝土基层上抹 3～5 mm 厚自流平水泥浆找平层,再用建筑专用胶粘剂在其上粘贴 2 mm 厚橡胶地板,基层面与橡胶板块背面同时涂胶,最后用滚筒滚两遍(图 4-33)。

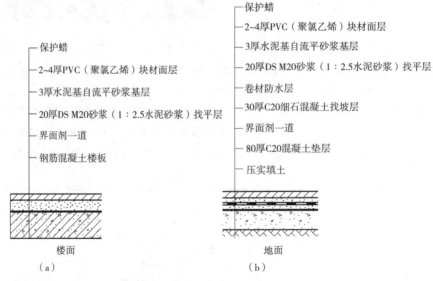

图 4-33　PVC 块材地板构造

(a)不带防水层;(b)带防水层

3. 涂料楼地面

涂料楼地面是利用涂料刷涂或涂刮而成。它是水泥砂浆地面的一种表面处理方式，用以改善水泥砂浆地面在使用和装饰方面的不足。地面涂料是采用耐磨树脂和耐磨颜料制成的用于地面涂刷的涂料。与一般涂料相比，地面涂料的耐磨性和抗污染性特别突出，因此广泛用于商场、车库、跑道、工业厂房等地面装饰，地面涂料也称为地坪涂料，最常见的地面涂料有环氧涂料和聚氨酯涂料，它们都属于人工合成高分子涂料。

（1）环氧涂料楼地面。环氧涂料是一种高强度、耐磨损、美观的地面涂饰材料，具有无接缝、质地坚实、防腐、防水、防尘、保养方便、维护费用低等优点。环氧涂料只适用于各类建筑物室内混凝土地面的装饰（图4-34），如医疗、卫生、食品工业、医院、电子、微电子、无尘无菌实验室、洁净室、轻工业行业等。

环氧涂料楼地面构造做法：在基层（垫层或楼板）上刷水泥浆一道，铺40厚C25细石混凝土压实抹光，再分别底涂、中涂、腻子找平及1.0 mm厚环氧树脂面涂，底涂与中涂1～2道，面涂3～4道。实际工程中面层也可采用环氧自流平面层。

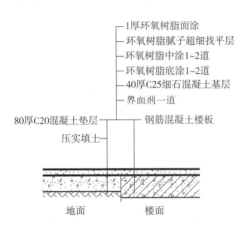

图 4-34　环氧涂料楼地面

（2）聚氨酯涂料楼地面。聚氨酯涂料具有优异的耐水、耐油、耐化学品性；具有良好的附着力、耐磨性、耐冲击等物理性能；具有固化速度快、防尘、易清洁等优异性能。聚氨酯涂料是在室内外均可使用的地坪涂料，尤其是弹性聚氨酯涂料，广泛应用在跑道、过街天桥等地面装饰（图4-35）。

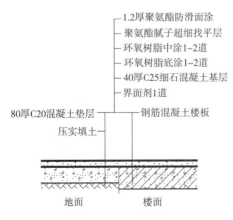

图 4-35　聚氨酯涂料楼地面

聚氨酯涂料楼地面构造做法：在基层（垫层或楼板）上刷水泥浆一道，铺 40 厚 C25 细石混凝土压实抹光，再分别底涂、中涂、腻子找平及 1.2mm 厚聚氨酯防滑面涂。实际工程中面层也可采用聚氨酯自流平面层。

4. 卷材楼地面

常见的卷材有塑料地毡、橡胶地毡及各种地毯等。这些材料表面美观、干净，装饰效果好，具有良好的保温、消声性能，适用于公共建筑和居住建筑。

（1）塑料地毡楼地面。塑料地毡以聚乙烯树脂为基料，加入增塑剂、稳定剂、石棉绒等经塑化热压而成，有卷材和片材两种。片材采用胶粘剂粘贴在水泥砂浆找平层上；卷材可干铺，也可用专用胶粘剂粘铺，粘铺时需采用滚筒碾压 2 遍保证粘贴牢固（图 4-36）。它具有步感舒适、耐磨、绝缘、防腐、易清洁等特点，且价格低。

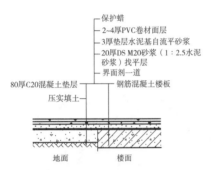

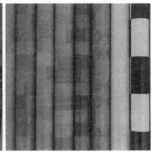

图 4-36　塑料地毡楼地面

（2）橡胶地毡楼地面。橡胶地毡是以橡胶粉为基料，掺入填充料、防老化剂、硫化剂等制成的卷材。它具有步感舒适、耐磨、柔软、防滑、消声、易清洁及富有弹性等特点，且价格适中，铺贴简便，可以干铺，也可用胶粘剂粘贴在水泥砂浆找平层上（图 4-37）。

图 4-37　橡胶地毡楼地面

（3）地毯楼地面。地毯类型较多，常见的有化纤地毯、棉织地毯和纯羊毛地毯等，具有柔软舒适、清洁吸声、保温、美观适用等特点，是美化装饰房间的最佳材料之一。面层有单层地毯和双层弹性地毯两类（图 4-38）。其有浮铺和粘铺等不同铺法。其中，粘铺一般用胶粘剂将地毯满贴在地面上或将其四周钉牢。

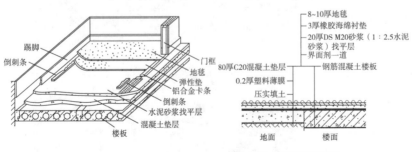

图 4-38　地毯楼地面

4.3.2 踢脚线与墙裙

1. 踢脚线

踢脚线是地面与墙面交接处的构造处理，也称为踢脚板。常用的踢脚线材料有水泥砂浆、水磨石、石材、面砖、木板、金属等(图4-39)。踢脚线的主要作用是遮盖楼地面与墙面的接缝，更好地使墙体和地面之间结合牢固，减少墙体变形，避免搬运东西、行走时碰撞造成破坏。同时也能保护墙面，防止在清洁卫生时弄脏墙面。在构造上踢脚线的厚度不宜超出门套贴脸的厚度，凸出墙面抹灰面或装饰面宜为3～8 mm，踢脚线厚度大于10 mm时，其上端宜做坡线角。踢脚线的高度一般为80～150 mm，有特殊要求时可按具体工程设计调整，工业建筑踢脚线高度不宜小于300 mm。踢脚线有与墙平齐或凸出墙面两种做法(图4-40)。

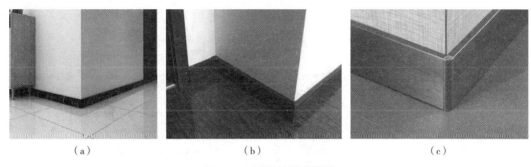

图 4-39　不同材质踢脚线

(a)面砖；(b)木板；(c)金属

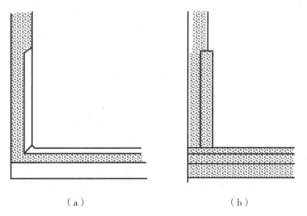

图 4-40　踢脚线构造做法

(a)与墙平齐；(b)凸出墙面

2. 墙裙

在墙体的内墙面抹灰中，门厅、走廊、楼梯间、卫生间等处因常受到碰撞、摩擦、潮湿的影响而变质，常在这些部位采取适当的保护措施，称为墙裙，又称台度(图4-41)。

一般居室内的墙裙，主要起装饰作用，常用水泥漆、面砖、木板、大理石板等板材来饰面，墙裙的高度一般为900～1 200 mm。卫生间、厨房的墙裙，作用是防水和便于清洗，多采用水泥砂浆、釉面瓷砖，其高度为900～2 000 mm(图4-42)。

图 4-41　墙裙

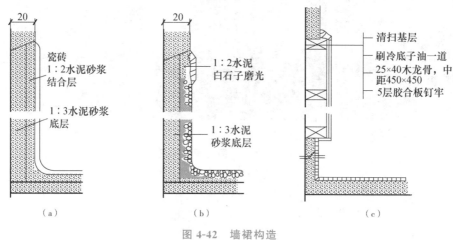

图 4-42　墙裙构造

（a）瓷砖墙裙；（b）水磨石墙裙；（c）木墙裙

4.4　顶棚构造

顶棚是楼板层最下面的装饰装修层，又称为天棚、天花板。顶棚应光洁、美观，能通过反射光照来改善室内采光及卫生状况。对于某些特殊要求的房间，顶棚应具有隔声、防水、保温、隔热等功能。

依照构造方式的不同，顶棚可分为直接式顶棚和吊挂式顶棚。

4.4.1　直接式顶棚构造

直接式顶棚是直接在钢筋混凝土楼板下表面喷刷涂料、抹灰或粘贴装修材料的一种构造形式。它具有不占据房间的净空高度、造价低、效果好的特点，但不适用于需要布置管网的顶棚，且易剥落、维修周期短。

根据面层材料的不同，直接式顶棚可分为抹灰顶棚、涂刷顶棚、贴面顶棚等（图 4-43）。为满足室内的艺术装饰效果和接缝处理的构造要求，可在顶棚与墙顶交界部位安装装饰线脚，如木线、石膏线和金属线等。直接式顶棚的装饰线可采用粘贴法或直接钉固法与顶棚固定。

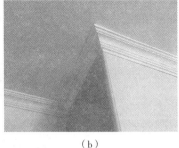

（a）　　　　　　　　　（b）　　　　　　　　　（c）

图 4-43　直接式顶棚

(a)抹灰顶棚；(b)涂刷顶棚；(c)贴面顶棚

1. 抹灰顶棚

抹灰顶棚是在楼板底面刷素水泥浆后进行底层抹灰和面层抹灰[图 4-44(a)]。抹灰顶棚的面层可以采用纸筋灰抹灰、石灰砂浆抹灰、水泥砂浆抹灰等。普通抹灰用于一般房间，装饰抹灰用于要求不高的房间。

2. 涂刷顶棚

涂刷顶棚是在楼板底面填缝刮平后直接吸或刷大白浆、石灰浆、水泥浆等涂料的顶棚[图 4-44(b)]，以增加顶棚的反射光照作用，该做法在现代家装中比较常见。

3. 贴面顶棚

贴面顶棚是在楼板底面用砂浆打底找平后，用胶粘剂粘贴墙纸、泡沫塑胶板或装饰吸声板等材料的顶棚[图 4-44(c)]。一般用于楼板底部平整、不需要顶棚敷设管线且装修要求又较高的房间，或有吸声、保温隔热等要求的房间。

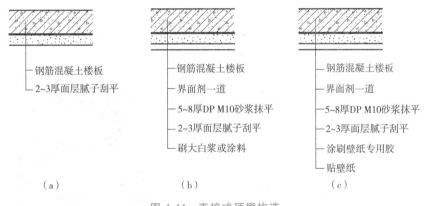

（a）　　　　　　　　　（b）　　　　　　　　　（c）

图 4-44　直接式顶棚构造

(a)抹灰顶棚；(b)涂刷顶棚；(c)贴面顶棚

4.4.2　吊挂式顶棚构造

吊挂式顶棚俗称吊顶，当房间顶部不平整或楼板底部需敷设设备管线时，在屋面板（或楼板）下留有一定的空间，通过设吊杆将主、次龙骨所形成的构架固定，再固定各类装饰面板组成吊式顶棚，构造较复杂，但应用较为广泛。根据其结构构造形式不同，吊顶可分为整体式吊顶、活动式吊顶、隐蔽式装配吊顶及开敞式吊顶等。根据其使用材料不同，吊顶可分为板式吊顶、轻钢龙骨吊顶、金属吊顶等。具体选材应依据装修标准及防火要求设计而定。其构造组成如图4-45所示。吊顶一般由吊筋、骨架和面层三部分组成。

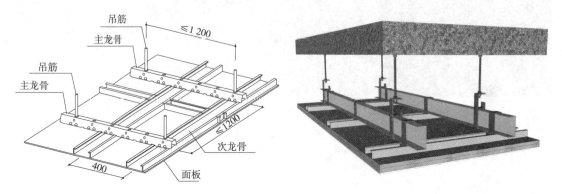

图 4-45　吊挂式顶棚构造

1. 吊筋

吊筋也称吊杆，是连接承重结构与整个吊顶系统的传力杆件。吊顶系统通过它将荷载传递给楼屋面板等结构构件。通过调节吊筋的长度来满足室内净空高度需求。吊筋的材料通常可选用方木、钢筋、型钢及轻钢，具体材料与形式需依据荷载情况及龙骨的材料与形式确定。

方木吊杆一般采用 40 mm×40 mm 或 50 mm×50 mm 的方木制作，采用钢钉或膨胀螺栓固定在结构构件上；钢筋吊杆一般采用 Φ6 或 Φ8 的钢筋，可与结构构件上的角钢焊接或穿孔缠绕；型钢、轻钢型材吊杆规格需通过具体的结构计算确定。

吊筋(吊杆)安装应注意以下问题：

(1)吊杆距主龙骨端部距离不得大于 300 mm，当大于 300 mm 时，应增加吊杆。吊杆间距一般为 900~1 200 mm。

(2)吊杆长度大于 1.5 m 时，应设置反支撑(图4-46)。

(3)当预埋的吊杆需接长时，必须搭接焊牢。

图 4-46　反支撑顶棚构造

2. 骨架

骨架也称为龙骨，由主龙骨、次龙骨组成，作用是固定吊顶面层、承受面层荷载及附加在吊顶上的其他荷载，并将荷载由吊筋传递给楼屋面板等。主龙骨是骨架中的主要受力构件，龙骨之间可增设横撑，以便铺钉装饰面板。骨架按材料不同，可分为木龙骨、型钢龙骨和轻钢龙骨。

(1)木龙骨。木龙骨的断面一般为方形或矩形。主龙骨为 50 mm×70 mm，钉接或拴接在吊杆上，间距一般为 1.2～1.5 m；主龙骨的底部钉装次龙骨，其间距视面板规格而定。次龙骨一般双向布置，其中一个方向的次龙骨断面尺寸为 50 mm×50 mm，垂直钉于主龙骨上；另一个方向的次龙骨断面尺寸一般为 30 mm×30 mm，可直接钉在 50 mm×50 mm 的次龙骨上。木龙骨使用前必须进行防火、防腐处理。龙骨之间用榫接、粘钉方式连接(图 4-47)。

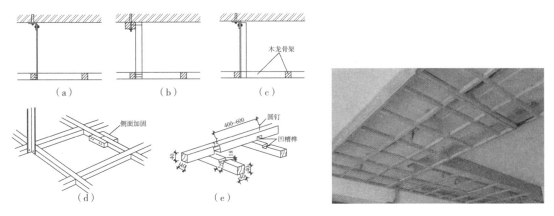

图 4-47 木龙骨连接构造

(2)型钢龙骨。型钢龙骨的主龙骨间距为 1.0～2.0 m，其规格应根据荷载的大小确定。主龙骨与吊杆常用螺栓连接，主次龙骨之间采用铁卡子、弯钩螺栓连接或焊接。当荷载较大、吊点间距很大或在特殊环境下时，必须采用角钢、槽钢、工字钢等型钢龙骨。

(3)轻钢龙骨。轻钢龙骨按其承载能力分为 38、50、60 三个系列。主龙骨应平行房间长向安装，同时应起拱，起拱高度为房间跨度的 1/300～1/200。主龙骨的悬臂段不应大于 300 mm，否则应增加吊杆。主龙骨的接长应采取对接，相邻龙骨的对接接头要相互错开。吊杆与主龙骨、主龙骨与中龙骨、中龙骨与小龙骨之间是通过吊挂件、接插件连接的(图 4-48)。

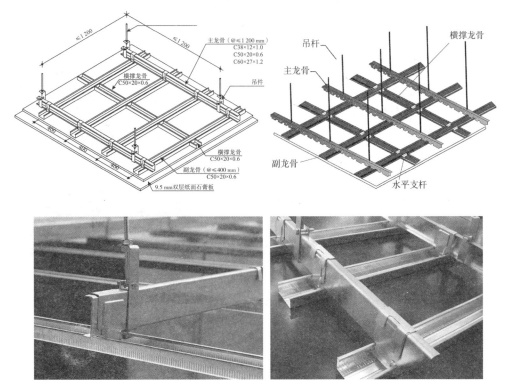

图 4-48 轻钢龙骨连接构造

3. 面层

吊顶面层主要起装饰作用，常见的饰面板有石膏板、铝合金板、岩棉板等。面层可采用自攻螺钉、膨胀铆钉或专用卡具固定在龙骨和横撑上，也可搁置在龙骨的翼缘上（图4-49）。

图 4-49　吊顶面层构造

4.5　阳台与雨篷构造

4.5.1　阳台

阳台是建筑物中常见的组成部分，是供人们进行户外活动、休息、观景、晾衣等的场所。阳台由阳台板与栏杆或栏板组成（图4-50）。其中，阳台板主要起承重作用，栏杆主要起防护作用。根据阳台与外墙面的关系，阳台可分为凸阳台、凹阳台和半凹半凸阳台三种（图4-51），考虑到承重方面的因素，目前以凹阳台居多。

雨篷与阳台

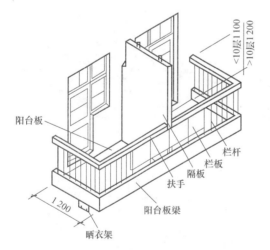

图 4-50　阳台的组成

1. 阳台的结构类型

阳台板按支承方式划分，有墙承式、挑板式和挑梁式三种。

（1）墙承式。墙承式也称为隔板式，是将阳台板支承在阳台两侧的墙上，这种支承方式结构简单，施工方便，多用于凹阳台。

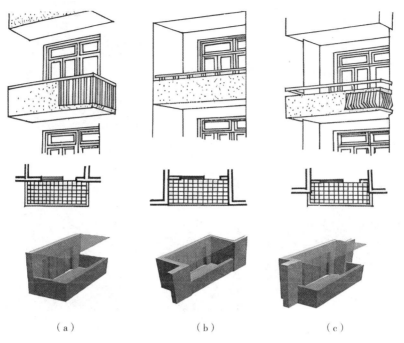

图 4-51 阳台的形式

(a)凸阳台；(b)凹阳台；(c)半凹半凸阳台

(2)挑板式。挑板式是将阳台板悬挑，一般有两种做法：一种是将房间楼板直接向外悬挑成阳台板[图 4-52(a)]；另一种是将阳台板和墙梁(或圈梁、过梁)现浇在一起[图 4-52(b)]，利用楼板或梁上部墙体的质量来平衡阳台板，防止阳台倾覆。挑板式阳台底部平整，外形轻巧，但受力复杂。由楼板直接悬挑成阳台板的做法，阳台地面和室内地面标高相同，不利于排水；由墙梁(或圈梁、过梁)悬挑成阳台板的做法，阳台悬挑长度受限。

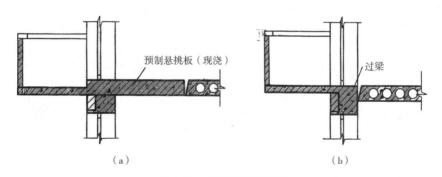

图 4-52 挑板式阳台构造

(3)挑梁式。挑梁式是从建筑物的横墙上伸出挑梁，阳台板搁置在挑梁上(图 4-53)。为防止阳台倾覆，挑梁压入横墙的长度应不小于悬挑长度的 1.5 倍。为防止阳台外露而影响美观，可在挑梁端部增设与其垂直的边梁。挑梁式阳台的悬挑长度可大些，阳台宽度受横墙间距限制，即一般与房间间距一致。挑梁式应用较广泛。

2. 阳台栏杆与扶手

栏杆与扶手是阳台的安全围护设施，要求具有一定的抗侧力性和美观性。栏杆的形式可分为空花栏杆、实心栏板和组合式栏杆三种(图 4-54)。

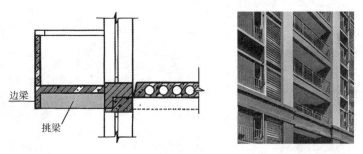

图 4-53　挑梁式阳台构造

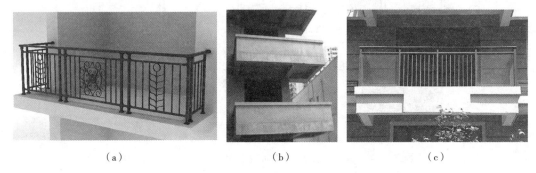

（a）　　　　　　　　　　（b）　　　　　　　　　　（c）

图 4-54　阳台栏杆形式

(a)空花栏杆；(b)实心栏板；(c)组合式栏杆

　　为保证安全，栏杆和栏板应采用坚固、耐久的材料制作，能承受相应的水平荷载。栏杆的垂直高度不应小于 1.1 m。空花栏杆垂直杆之间的净距不应大于 0.11 m，也不宜设水平分格，以防儿童攀爬。

　　空花栏杆具有空透性，装饰效果好，在公共建筑和南方地区的建筑中应用较多。栏杆可以采用直接插入阳台板预留孔内、用砂浆灌注的方式，也可以与阳台板中预埋的通长扁钢焊接牢固。栏板便于封闭阳台，在北方地区的居住建筑中应用广泛。栏板多为钢筋混凝土栏板，有现浇和预制两种，现浇栏板通常与阳台板整浇在一起；预制栏板可预留钢筋与阳台板的预留孔洞浇筑在一起，或预埋铁件焊接。阳台栏杆(栏板)与扶手构造如图 4-55 所示。

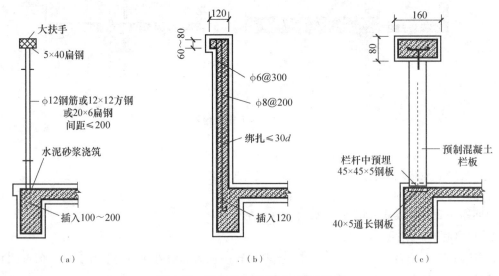

（a）　　　　　　　　　　（b）　　　　　　　　　　（c）

图 4-55　阳台栏杆(栏板)与扶手构造

(a)金属栏杆；(b)现浇钢筋混凝土栏板；(c)预制钢筋混凝土栏板

3. 阳台排水

为防止阳台上的雨水流入室内，阳台必须做好排水处理。阳台地面一般应低于室内地面 30 mm 及以上，并设置不小于 1‰的排水坡，坡向排水口。排水口一般设在阳台前端一侧或两侧，内埋镀锌钢管或塑料管(称为水舌)，将水排出，如图 4-56(a)所示。

在高层建筑中或为避免阳台排水影响建筑物的立面形象，也可将阳台的排水口与室外雨水管相连，由雨水管排除阳台积水，如图 4-56(b)所示。

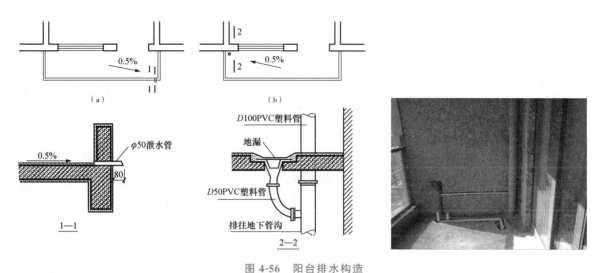

图 4-56　阳台排水构造
(a)泄水管排水——外排水；(b)排水管排水——内排水

4.5.2　雨篷

雨篷是设置在建筑物外墙出入口的上方，用以强调出入口、装饰立面的水平构件，还可以遮挡雨雪，保护外门免受雨淋。雨篷按材料分，可分为钢筋混凝土雨篷、金属雨篷、软面折叠雨篷等。

1. 钢筋混凝土雨篷

钢筋混凝土雨篷一般与建筑主体结构整体浇筑而成，其支承方式多为悬挑式，雨篷按照结构形式不同，有板式雨篷和梁板式雨篷两种类型。

(1)板式雨篷。板式雨篷由门洞口上的过梁悬挑伸出，上下表面相平，悬挑板的板面与过梁顶面可不在同一标高上，梁面高于板面标高，可防止雨水浸入墙体。从受力角度考虑，雨篷板一般做成变截面形式，根部厚度不小于 70 mm，端部厚度不小于 50 mm[图 4-57(a)]。

(2)梁板式雨篷。当门洞口尺寸较大，雨篷挑出尺寸也较大时，雨篷应采用梁板式结构。梁板式雨篷由挑梁和板组成，为使雨篷底面平整，一般将挑梁翻在板的上面做成翻梁[图 4-57(b)]。

雨篷顶面应进行防水和排水处理。防水做法通常可采用防水砂浆抹面，同时在雨篷板的下部边缘做滴水，防止雨水沿板底漫流。当雨篷面积较大时也可铺贴防水卷材。排水做法是在雨篷顶面设置 1‰的排水坡，并在一侧或双侧设排水口将雨水排出。为避免排水影响立面效果，也可将雨篷上的排水口与室外雨水管相连，由雨水管集中排出。

2. 金属雨篷

金属雨篷是以 H 型钢等轻钢结构作为骨架，其上安装面板而形成的雨篷。金属雨篷结构和造型简单轻巧，施工方便，装饰效果好，富有现代感，在现代建筑中使用越来越广泛。

金属雨篷根据面板材料的不同，有钢化玻璃雨篷、铝塑板雨篷、彩钢雨篷等(图4-58)。

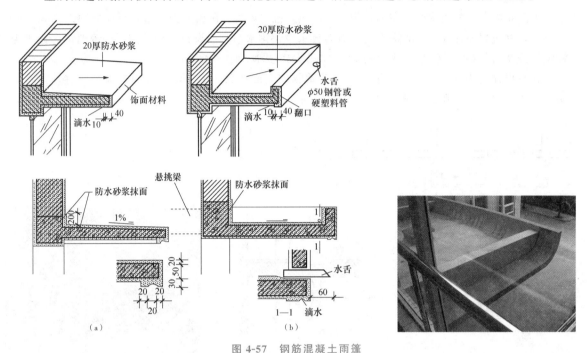

图 4-57　钢筋混凝土雨篷

(a)板式无组织排水雨篷；(b)梁板式有翻口有组织排水雨篷

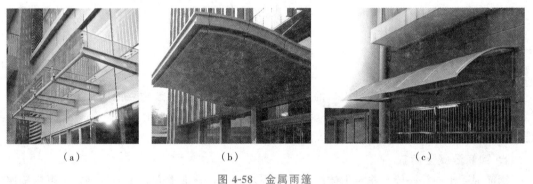

图 4-58　金属雨篷

(a)钢化玻璃雨篷；(b)铝塑板雨篷；(c)彩钢雨篷

模块小结

　　楼地层是楼板和地坪的统称。楼板是建筑中水平承重分割构件，一般由面层、结构层、顶棚层和附加层组成。地坪是指与土壤直接接触的承重围护构件，一般由面层、垫层和地基组成。

　　楼板可分为木楼板、砖拱楼板、钢筋混凝土楼板和压型钢板混凝土组合楼板。

　　钢筋混凝土楼板按照施工方法的不同，可分为现浇式、预制式和装配式整体式三种。现浇式根据其受力情况又可分为板式楼板、梁板式楼板、无梁楼板和现浇空心楼板等。预制板常用类型有实心平板、槽型板和空心板三种。

　　楼地面装饰按面层使用材料和施工工艺的不同，可分为整体楼地面、块材楼地面、卷材楼地面和涂料楼地面四种。

一、填空题

1. 地坪一般由_____、_____、地基等组成，对有特殊要求的地坪可在面层与垫层之间增设_____。

2. 钢筋混凝土楼板根据施工方法的不同，可分为_____、_____和_____三种类型。

3. 现浇整体式钢筋混凝土楼板可分为_____、_____、_____、现浇空心楼板等。

4. 复梁式楼板的次梁与主梁一般_____相交，板搁置在次梁上，次梁搁置在_____、主梁搁置在墙或柱上。

5. 预制钢筋混凝土楼板按构造方式及受力特点划分，可分为_____、_____和_____三种。

6. 预制板直接搁置在梁上时其搁置长度≥_____mm，搁置于内墙上时其搁置长度≥100 mm，搁置于外墙上时其搁置长度≥_____mm，并在梁或墙上采用20 mm厚M5的_____找平。

7. 装配式整体式钢筋混凝土楼板按结构及构造方式划分，可分为_____楼板和_____楼板两种。

8. 地面装饰的常见做法可分为_____、_____、_____和_____四种。

9. 木地面按照构造不同，可分为_____、_____和_____三种。

10. 踢脚线也称为踢脚板，其高度一般为_____mm；墙裙又称为台度，居室内墙裙的高度一般为_____mm。

11. 顶棚按饰面与基层的关系可归纳为_____顶棚与_____顶棚两大类。吊式顶棚一般由_____、_____和_____三个部分组成。

12. 直接式顶棚的装饰线可采用_____法或_____法与顶棚固定。

13. 阳台由承重构件_____、_____及_____组成。阳台按其与外墙面的关系，可分为_____、_____、_____。

14. 雨篷按照材料和结构划分，可分为_____、_____及软面折叠雨篷等。

二、简答题

1. 单向板、双向板的不同有哪些？

2. 预制装配式混凝土楼板的优点有哪些？

3. 简述石材板块楼地面的构造做法。

三、绘图题

根据某建筑施工图图纸信息，见表4-2，分别绘制楼面1及楼面2的构造层次图。

表 4-2 建设施工图楼面构造做法

楼面 1：石材楼面   使用部位：公共前室、电梯厅门厅
1. 20 厚石材板，稀水泥浆擦缝
2. 30 厚 1：3 干硬性水泥砂浆结合层，表面撒水泥粉
3. 水泥浆一道（内掺建筑胶）
4. 现浇钢筋混凝土楼板
楼面 2：水泥砂浆楼面   使用部位：卫生间、阳台、厨房、室外走廊
1. 20 厚 1：1.5 水泥砂浆
2. 1.5 厚 JS 复合防水涂料，周边上翻 300
3. 1：3 水泥砂浆找坡 1％，坡向地漏，最薄处 10 厚
4. 1：6 水泥焦渣填充层
5. 水泥浆一道（内掺建筑胶）
6. 现浇钢筋混凝土楼板

模块 5 屋顶构造

【知识目标】

1. 了解屋顶的作用、类型及设计要求。

2. 掌握平屋顶的排水、防水、保温及细部构造。

3. 熟悉坡屋顶的基本构造。

【技能目标】

1. 理解建筑施工图中的屋顶工程做法及各构造层次之间的关系。

2. 能准确识读与绘制屋顶的构造图。

【素养目标】

1. 深化文化自信、科技强国的职业理念。

2. 养成细致严谨、分工协作的职业素养。

5.1 屋顶的基本知识

5.1.1 屋顶的作用

屋顶是建筑物最上层的水平围护构件，具有承重、围护及美观的作用(图 5-1)。

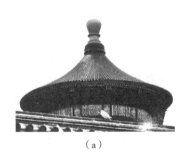
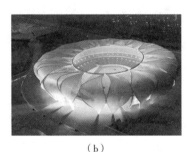

（a） （b）

图 5-1 屋顶

(a)北京祈年殿；(b)杭州奥体莲花体育馆

1. 承重作用

屋顶是承重构件，既承受竖向荷载，如结构自重、上人屋面活载、雪荷载、施工荷载等，又起到水平支撑作用，能承受风荷载、水平地震荷载等，是保证房屋整体刚度的构件。

2. 围护作用

屋顶是围护构件，用以抵御外界的风霜雨雪、太阳辐射、温度变化及其他一些不利因素对内部空间的影响。

3. 美观作用

屋顶是建筑体形和立面的重要组成部分，对建筑的立面装饰和整体形象起着重要的作用。

5.1.2 屋顶的设计要求

1. 结构要求

屋顶首先要有足够的强度，以承受作用在屋顶上的各种荷载；其次要有足够的刚度，防止屋顶受力后产生过大的变形导致屋面防水层开裂造成屋面渗漏。

2. 防水要求

屋顶的主要功能是防水与排水。防水是通过选择不透水的屋面材料，以及合理的构造处理来达到目的；排水是利用屋面适合的坡度和排水管网系统，使屋面的雨水能迅速排去。

3. 节能要求

屋顶作为建筑物最上层的外围护结构，应具有良好的保温隔热性能，以满足建筑物的使用要求。在北方寒冷地区，屋顶应满足冬季的保温要求，减少室内热量的损失；在南方炎热地区，屋顶应满足夏季隔热的要求，避免室外高温及强烈的太阳辐射对室内产生的不利影响。

4. 美观要求

屋顶是建筑物外部形象的重要组成部分，屋顶的形式在很大程度上影响建筑的整体造型。中国古建筑的重要特征之一就是有变化多样的屋顶外形和装修精美的屋顶细部，现代建筑在设计中应注重屋顶的建筑艺术效果。

此外，屋顶还应做到自重轻、构造简单、施工方便、造价经济。

5.1.3 屋顶的类型

屋顶可按其功能、材料、结构及外形的不同进行分类。

屋顶的坡度和类型

1. 按功能分

(1)保温屋顶。通过采用高效保温材料和构造设计，减少室内外热量传递，从而保持室内温度稳定。它通常由保温层、防水层和保护层等多层结构组成。保温层是其中最关键的部分，常用的保温材料包括聚氨酯、聚苯乙烯、矿物棉等。

(2)隔热屋顶。通过在屋顶构造中加入隔热材料或使用特殊的隔热技术，来减少热量的传递，常见的隔热屋顶有空气层隔热屋顶、材料隔热屋顶、反射隔热屋顶、水隔热屋顶等。

(3)采光屋顶。屋顶采用透光或透明材料，以满足室内采光或观景的要求[图 5-2(a)]。

(4)蓄水屋顶。屋顶上做蓄水池，蓄一定深度的水，主要起到隔热降温的作用，也有一定的景观效果[图 5-2(b)]。

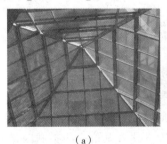

| (a) | (b) | (c) |

图 5-2 不同功能屋顶

(a)采光屋顶；(b)蓄水屋顶；(c)种植屋顶

(5)种植屋顶。屋顶上栽种花草、灌木甚至乔木等植物,既起到保温隔热作用,又美化环境、改善小气候、提高绿化率,是生态建筑的一个表现方面[图5-2(c)]。

(6)上人屋顶。屋顶作为室外使用空间,成为人们日常休闲活动的场所。

2. 按材料分

(1)钢筋混凝土屋顶。钢筋混凝土屋顶主要由钢筋和混凝土两种材料组成,具有强度高、耐久性好、防火性能优良等优点,因此在现代建筑中被广泛应用[图5-3(a)]。

(2)瓦屋顶。用陶土瓦、沥青瓦、水泥瓦、石棉瓦和琉璃瓦等作为屋面防水层,具有防水性能好、外观美观大方、寿命长,以及环保等优点,在一些注重传统建筑风格的地区,瓦屋顶被广泛采用[图5-3(b)]。

(3)金属屋顶。用镀锌薄钢板、铝合金板、压型钢板等金属材料作为防水层,具有自重轻、刚度大、防火性能好、施工简便、可加工性强、防水性能好等特点,从大型公共建筑到厂房、库房、住宅等均有使用[图5-3(c)]。

(4)玻璃屋顶。用有机玻璃、夹层玻璃、钢化玻璃等作为屋面防水层,具有透光性好、美观大方、防水性能强、耐候性强等优点。它主要用于一些需要强调透明度和现代感的建筑中,如商业建筑、展览馆、体育馆等。

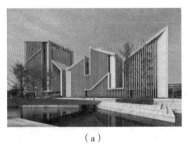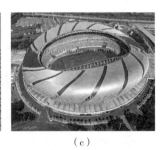

(a) (b) (c)

图5-3 不同材料屋顶

(a)钢筋混凝土屋顶;(b)瓦屋顶;(c)金属屋顶

3. 按结构分

(1)平面结构屋顶。常见的平面结构屋顶有梁板结构屋顶和屋架结构屋顶。

(2)空间结构屋顶。空间结构屋顶包括折板、壳体、网架、悬索、薄膜等结构屋顶。

4. 按外形分

(1)平屋顶。平屋顶是指屋面坡度在10%以下,不上人屋面坡度通常为2%~3%,上人屋面坡度通常为1%~2%。平屋顶具有坡度平缓、构造简单、施工方便等优点,但平屋顶排水慢,屋面积水机会多,易产生渗漏现象。由于钢筋混凝土梁板的普遍应用和防水材料的不断更新,平屋顶已经成为广泛采用的屋顶形式。平屋顶的主要形式有挑檐、女儿墙、挑檐女儿墙、盝顶等(图5-4)。

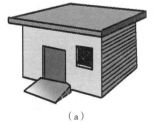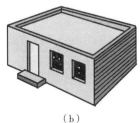

(a) (b) (c) (d)

图5-4 平屋顶的形式

(a)挑檐;(b)女儿墙;(c)挑檐女儿墙;(d)盝顶

(2)坡屋顶。坡屋顶是指屋面坡度在10％以上的屋顶。传统建筑的坡屋顶有单坡顶、双坡顶、硬山顶、悬山顶、卷棚顶、庑殿顶、歇山顶、四坡顶、圆攒尖顶等(图5-5)。现代建筑因景观环境或建筑风格的要求也常采用坡屋顶。

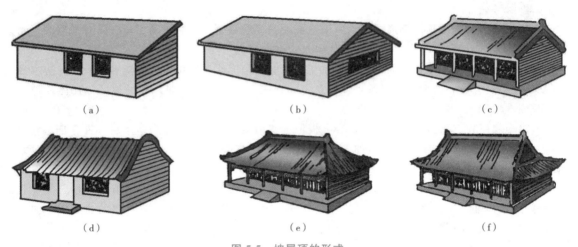

图 5-5　坡屋顶的形式

(a)单坡顶；(b)双坡顶；(c)硬山顶；(d)卷棚顶；(e)庑殿顶；(f)歇山顶

(3)其他屋顶。随着建筑技术的发展，一些大型公共建筑出现了许多新型的结构形式，如壳体、网架、悬索、折板、膜结构等，也产生了多种多样的屋顶形式(图5-6)。

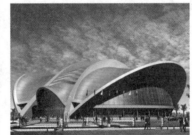

图 5-6　其他屋顶

5.2　平屋顶构造

5.2.1　平屋顶的构造组成

为了使屋顶达到承重、排水、防水、保温隔热等使用要求，平屋顶通常由顶棚层、结构层、找平层、隔汽层、保温层、找坡层、防水层、隔离层、保护层等构造层次组成(图5-7)。

平屋顶的组成与排水

1. 顶棚层

顶棚层位于屋顶的底部，主要用来满足室内对顶部的平整度和美观要求。平屋顶的组成与楼面顶棚一样，分为直接式顶棚和吊挂式顶棚两种。

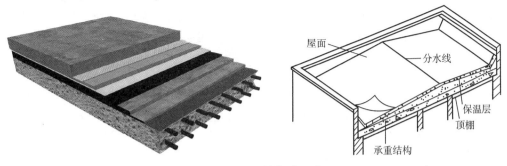

图 5-7　平屋顶的构造组成

2. 结构层

屋顶结构层的主要作用是承受竖向荷载，一般为现浇钢筋混凝土板或预制钢筋混凝土板。屋面板应具有足够的刚度，从而减少防水层受屋面板变形而破坏的影响，可通过掺加高效减水剂、丙纶纤维等提高屋面板的防水、抗裂性能。

3. 找平层

找平层主要是为了保证隔汽层及防水层的基层坚实、干净平整，无孔隙、起砂和裂缝。当基层刚度较好时找平层可采用水泥砂浆，基层刚度较差时可采用细石混凝土或配筋混凝土找平，见表 5-1。保温层上的找平层应留设分格缝，缝宽宜为 5～20 mm，纵横缝的间距不宜大于 6 m，主要是为了避免找平层变形和开裂，影响卷材或涂膜的施工质量。

表 5-1　找平层材料及厚度要求

适用基层	找平层材料	厚度/mm
整体现浇混凝土板	①、②	①DS M15(1：2.5)水泥砂浆 15～20；
整体材料保温层	③、④、⑤	②M15 聚合物水泥砂浆 5～8；
装配式混凝土板	④、⑤	③DS M15(1：2.5)水泥砂浆 20～25；
板状材料保温层		④C20 细石混凝土 30～35；
		⑤C20 配筋细石混凝土，宜加钢筋网片 40～45

4. 隔汽层

隔汽层的主要作用是隔绝室内湿气通过结构层进入保温层，一般设置在常年湿度很大的房间，如室内游泳池、公共浴室、开水间等。隔汽层应满足以下构造要求：

(1)北方地区屋面隔汽层应设置在结构层上、保温层下。

(2)隔汽层应选用气密性、水密性好的材料，如 1.2 mm 自粘聚合物改性沥青防水卷材(N)、2.0 mm 自粘聚合物改性沥青防水卷材(PY)、2.0 mm 聚合物水泥防水涂料、1.2 mm 聚氨酯防水涂料等。

(3)隔汽层应沿周边墙面向上连续铺设，高出保温层上表面不得小于 150 mm。

5. 保温层

保温层的主要作用是减少屋面热交换，宜选用吸水率低、密度和导热系数小，并有一定强度的材料。保温层厚度应根据所在地区现行建筑节能设计标准计算确定，以保证屋面的传热系数和热惰性指标满足当地建筑节能设计的要求。

6. 找坡层

找坡层的主要作用是有效促进屋面排水及减轻结构负荷。因此，屋面找坡应满足设计排水坡度要求，屋面坡度的形成有材料找坡与结构找坡两种。

（1）材料找坡。材料找坡是指屋面板水平搁置，上面采用质量轻、吸水率低和有一定强度的材料形成找坡层。坡度宜为2%，如陶粒、焦渣、浮石及加气混凝土碎块等[图5-8(a)]。材料找坡能够使室内天棚平整，获得良好的室内空间效果，找坡层还应具有一定的承载力，保证在施工及使用荷载的作用下不产生过大变形。

（2）结构找坡。结构找坡是指依靠屋顶结构形成屋面坡度，如上表面倾斜的屋架、屋面梁、顶面倾斜的横墙等，其上搁置屋面板形成倾斜坡面。混凝土结构层宜采用结构找坡，坡度不应小于3%[图5-8(b)]。一般对顶棚水平度要求不高或建筑功能允许的工业厂房和公共建筑，首选结构找坡，从而达到节省材料、降低成本、减轻屋面荷载的作用。

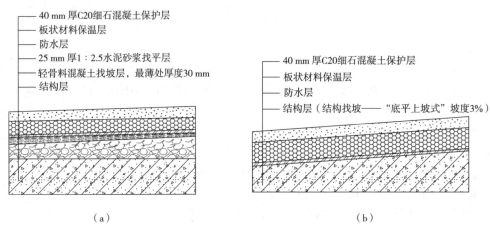

图5-8　屋面坡度的形成方式

(a)材料找坡；(b)结构找坡

7. 防水层

防水层的主要作用是隔绝水向建筑内部渗透，常见的有卷材防水、涂膜防水，以及卷材＋涂膜复合防水。

8. 隔离层

隔离层是用来消除相邻两种材料之间的粘结力、机械咬合力、化学反应等不利影响的构造层。块体材料、细石混凝土保护层与卷材、涂膜防水层之间，应设置隔离层。隔离层材料的适用范围和技术要求见表5-2。

表5-2　隔离层材料的适用范围和技术要求

隔离层材料	适用范围	技术要求
塑料膜	块体材料、水泥砂浆保护层	0.4厚聚乙烯膜或3厚发泡聚乙烯膜
土工布		200 g/m³ 聚酯无纺布
卷材		石油沥青卷材一层
低强度等级砂浆	细石混凝土保护层	20厚 M15 1：2.5水泥砂浆

9. 保护层

保护层的作用是保护卷材或涂膜防水层不直接受阳光照射、酸雨侵害和人为破坏，延长其使用寿命。常见的保护层材料有浅色涂料、铝箔、水泥砂浆、细石混凝土及块体材料等，其适用范围和技术要求见表5-3。

表 5-3　隔离层材料的适用范围和技术要求

保护层材料	适用范围	技术要求
浅色涂料	不上人屋面	丙烯酸系反射涂料
铝箔		0.05 mm 厚铝箔反射膜
矿物粒料		不透明的矿物粒料
水泥砂浆		20 mm 厚 1∶2.5 或 M15 水泥砂浆
块体材料	上人屋面	地砖或 30 mmC20 细石混凝土预制块
细石混凝土		40 mm 厚 C20 细石混凝土或 50 mm 厚 C20 细石混凝土内配 Φ6@100 双向钢筋网片

（1）不上人屋面。不上人屋面保护层可采用浅色涂料、铝箔、矿物粒料、水泥砂浆等材料。铝箔、矿物粒料通常是在改性沥青防水卷材生产过程中，直接覆盖在卷材表面作为保护层。覆盖铝箔时要求平整，无皱折，厚度应大于 0.05 mm；矿物粒料粒度应均匀一致，并紧密黏附于卷材表面。采用水泥砂浆做保护层时，表面应抹平压光，并应设表面分格缝，分格面积宜为 1 m²。采用浅色涂料做保护层时，应与防水层黏结牢固，厚薄应均匀，不得漏涂，如图 5-9(a)所示。

（2）上人屋面。上人屋面的屋顶作为活动场所，屋面保护层应具有保护防水层和地面面层的双重作用，并满足耐水、平整、耐磨的要求。采用细石混凝土做保护层时，表面应抹平压光，并应设分格缝，其纵横间距不应大于 6 m，分格缝宽度宜为 10～20 mm，并应用密封材料嵌填。采用块体材料做保护层时，宜设分格缝，其纵横间距不宜大于 10 m，分格缝宽度宜为 20 mm，并应用密封材料嵌填，如图 5-9(b)所示。

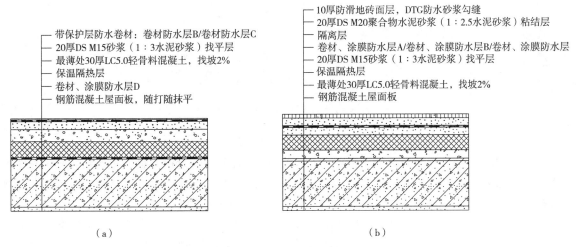

图 5-9　不同保护层适用范围
(a)不上人屋面；(b)上人屋面

5.2.2　平屋顶的排水

1. 屋顶排水坡度的表示方法

（1）斜率法[图 5-10(a)]。斜率法又称为比值或分数法，是用屋顶坡面的竖向投影高度 h 与水平投影长度 l 之比来表示屋面的坡度，适用于平屋顶及坡屋顶。

（2）百分率法[图 5-10(b)]。百分率法是用屋顶坡面的竖向投影高度 h 与水平投影长度 l 的百分比来表示屋面的坡度，如 $i=2\%$，主要用于平屋顶的标注。

（3）角度法[图 5-10(c)]。角度法是通过屋面与水平面的夹角来表示坡度，适用于较大的坡度，工程中不常用。

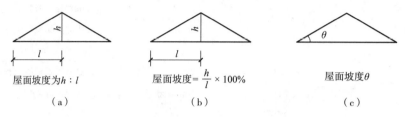

屋面坡度为 $h:l$ 屋面坡度$=\dfrac{h}{l}\times 100\%$ 屋面坡度 θ

（a）   （b）   （c）

图 5-10　屋顶排水坡度的表示方法
(a)斜率法；(b)百分率法；(c)角度法

2. 屋面排水方式

屋面排水方式可分为无组织排水和有组织排水(图 5-11)。屋面排水方式的选择，应根据建筑物屋顶形式、气候条件、使用功能等因素确定。

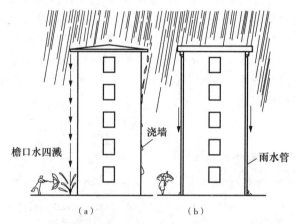

檐口水四溅　　　浇墙　　　　　　　雨水管

（a）　　　　　　　（b）

图 5-11　无组织排水与有组织排水
(a)无组织排水；(b)有组织排水

（1）无组织排水。无组织排水又称为自由落水，是屋面雨水通过檐口直接排到室外地面的排水方式。因为无组织排水可能会淋湿墙身，影响建筑观感，所以一般只用于中、小型的低层建筑物或檐高不大于 10 m 的建筑，标准较高的低层建筑或临街建筑不宜采用。

（2）有组织排水。有组织排水是屋面雨水通过天沟、檐沟、水落口、水落管等排水系统有组织地排出的排水方式。有组织排水分为内排水、外排水和内外排水相结合的方式，如图 5-12 所示。

有组织排水广泛用于多层及高层建筑，高标准低层建筑、临街建筑及严寒、寒冷地区和湿陷性黄土地区的建筑。

屋面采用有组织排水时，宜采用雨水收集系统，对雨水进行收集利用，有利于节能减排，变废为宝，节约资源。

1)内排水。内排水是指屋面雨水通过天沟，由设置于建筑物内部的雨水管排入地下雨水管网的排水方式。

内排水多用在高层建筑、多跨及汇水面积较大的屋面。高层建筑外排水系统的安装维护比较困难，因此高层建筑屋面宜采用内排水。多跨及汇水面积较大的屋面需采用天沟排水，天沟找坡较长时，宜采用中间内排水和两端外排水相结合的方式。

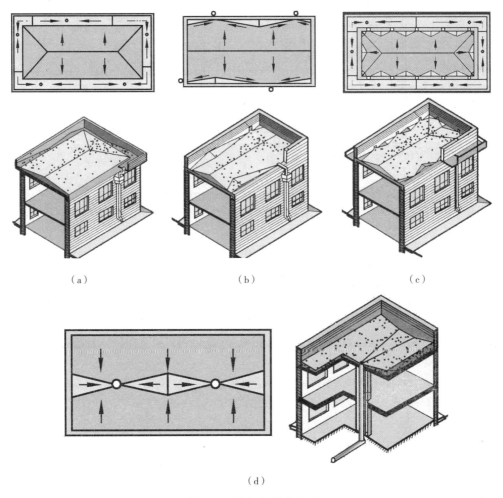

图 5-12 有组织排水方式

(a)挑檐沟外排水；(b)女儿墙外排水；(c)女儿墙带挑檐沟外排水；(d)内排水

冬季时严寒和寒冷地区，外排水系统容易因冰冻使水落口堵塞或冻裂，而在化冻时水落口的冰尚未完全解冻，造成屋面的溶水无法排出。故严寒地区和寒冷地区应采用内排水。

2)外排水。外排水是指屋面雨水通过檐沟、水落口，由设置于建筑物外部的雨水管直接排到室外地面的排水方式。多层建筑如一般的多层住宅、中高层住宅等的屋面宜采用有组织外排水。

3. 屋顶排水组织设计

屋顶排水组织设计的主要任务是将屋面划分成若干排水区，分别将雨水引向雨水管，确保排水线路简洁，雨水口负荷均匀，排水顺畅，避免因屋顶积水引起渗漏。

(1)确定排水坡面的数目。一般临街建筑的宽度小于 12 m 时，可采用单坡排水；大于 12 m 时，采用双坡排水。坡屋顶应根据建筑造型要求选择单坡、双坡或四坡排水。

(2)划分排水区。划分排水区的目的在于合理地布置雨水管。排水区的面积是指屋面水平投影的面积，每根雨水管的屋面汇水面积不得大于 200 m²。

(3)确定天沟有关尺寸。天沟即屋面上的排水沟，位于檐口部位时又称檐沟。天沟有槽形天沟和三角形天沟两种(图 5-13)。天沟的净宽应不小于 200 mm，坡度范围一般为 0.5%～1%。设置天沟的目的是汇集屋面雨水，并将雨水有组织地通过雨水口排出。

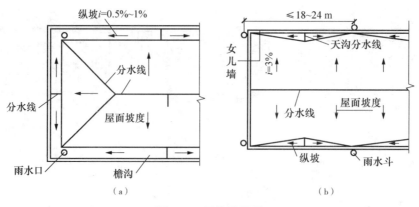

图 5-13　天沟平面图

(a)槽形天沟；(b)三角形天沟

(4)确定雨水管规格及间距。目前雨水管多采用 PVC 塑料或塑钢复合雨水管，其直径有 50 mm、75 mm、100 mm、125 mm、150 mm、200 mm 等几种规格。一般民用建筑采用直径为 100 mm 的雨水管，面积较小的露台或阳台可采用直径为 50 mm 或 75 mm 的雨水管，工业建筑一般采用直径为 100～200 mm 的雨水管。

一般情况下，民用建筑的雨水管的间距一般在 18 m 以内，最大间距不宜超过 24 m。工业建筑的雨水管最大间距不宜超过 30 m。

雨水口是设置在天沟（檐口）底部或女儿墙侧壁上的排水设施，用来将屋面雨水排至雨水管（图 5-14）。雨水口应排水畅通，不易堵塞，避免渗漏。

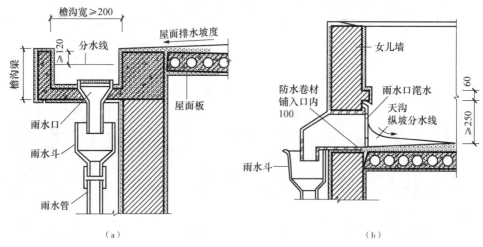

图 5-14　雨水口构造

(a)水平雨水口；(b)垂直雨水口

5.2.3　平屋顶的防水

平屋顶的防水做法主要有卷材防水、涂膜防水和卷材＋涂膜复合防水等。根据工程类别和工程防水使用环境，屋面工程防水可划分为三个等级，具体设防要求见表 5-4。

表 5-4　屋面防水等级及防水做法

防水等级	防水做法	防水层	
		防水卷材	防水涂料
一级	不少于 3 道	卷材防水层不应少于 1 道	
二级	不少于 2 道	卷材防水层不应少于 1 道	
三级	不少于 1 道	任选	

1. 卷材防水层

(1)卷材防水种类。防水卷材可选用合成高分子防水卷材、高聚物改性沥青防水卷材等。应根据当地历年最高气温、最低气温、屋面坡度和使用条件等因素，选择耐热性、柔性、拉伸性能等相适应的卷材；根据防水卷材的暴露程度，选择耐紫外线、耐穿刺、耐老化、耐霉烂性能相适应的卷材。

平屋顶柔性
防水屋面

1)高聚物改性沥青防水卷材。高聚物改性沥青防水卷材是以高分子聚合物改性石油沥青为涂盖层，聚酯毡、玻纤毡或聚酯玻纤复合为胎基，细砂、矿物粉料或塑料膜为隔离材料，制成的防水卷材，包括 SBS 改性沥青防水卷材、APP 改性沥青防水卷材、改性沥青聚乙烯胎防水卷材、自粘聚酯胎改性沥青防水卷材、沥青基聚酯胎湿铺防水卷材等，如图 5-15(a)所示。

2)合成高分子防水卷材。合成高分子防水卷材是以合成橡胶、合成树脂或两者共混为基料，加入适量的助剂和填料，经混炼压延、挤出等工序加工而成的防水卷材，包括三元乙丙橡胶防水卷材、聚氯乙烯(PVC)防水卷材、高密度聚乙烯自粘胶膜防水卷材、氯化聚乙烯防水卷材、聚乙烯丙纶复合防水卷材等，如图 5-15(b)所示。

（a）　　　　　　　　　　（b）

图 5-15　防水卷材
(a)高聚物改性沥青防水卷材：SBS 改性沥青防水卷材；(b)合成高分子防水卷材：三元乙丙橡胶防水卷材

(2)卷材防水屋面构造。卷材防水屋面的主要构造层次有结构层、找坡层、找平层、防水层、保护层等(图 5-16)。防水卷材的铺贴方法有机械固定法、黏结法、热熔法或空铺压顶法等。改性沥青防水卷材不得直接在绝热层表面采用热熔法或热沥青黏结的方法固定。卷材一般分层铺设，当屋面坡度小于3%时，卷材宜平行屋脊铺设，从檐口到屋脊向上铺设，卷材上下边搭接长度不小于70 mm，通常为 80～120 mm，左右边搭接长度不小于 100 mm，通常为 100～150 mm；当坡度为3%～15%时，卷材可平行或垂直屋脊铺贴；屋面坡度大于15%或受振动影响时，卷材应垂直于屋脊线铺设。

同一层相邻两幅卷材短边搭接缝错开不应小于 500 mm；上下层卷材不得相互垂直铺贴，长边搭接缝应错开，且不应小于幅宽的1/3。

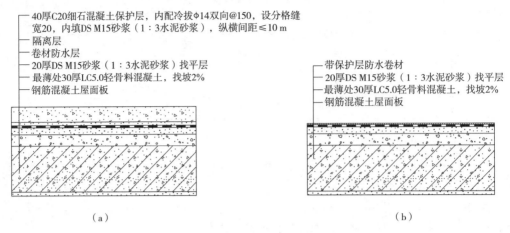

（a）　　　　　　　　　　　　　　　　（b）

图 5-16　卷材防水屋面

（a）上人屋面；（b）不上人屋面

（3）卷材防水屋面的细部构造。

1）挑檐。挑檐应重点做好卷材防水层收头与滴水。屋面采用空铺、点粘、条粘的卷材在挑檐端部 800 mm 范围内应满粘，卷材收头压入找平层的凹槽内，用金属压条钉压牢固并进行密封处理，防止卷材防水层收头翘边或被风揭起。挑檐防水层收头部位应采用聚合物水泥砂浆铺抹。为防止雨水沿挑檐底部流向外墙，端部下端应同时做鹰嘴和滴水槽（图 5-17）。

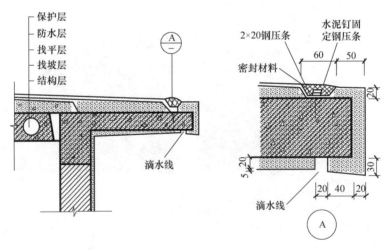

图 5-17　卷材防水屋面挑檐构造

2）檐沟与天沟。檐沟与天沟是屋面为有组织排水方式时的集水沟，檐沟位于屋檐边，天沟位于屋顶上。卷材或涂膜防水屋面檐沟和天沟的防水构造（图 5-18），应符合下列规定：

①檐沟和天沟底部防水层下应增设附加层，附加层伸入屋面的宽度不应小于 250 mm。

②檐沟防水层和附加层应由沟底上翻至外侧顶部，卷材收头应用金属压条钉压，并应用密封材料封严，涂膜收头应用防水涂料多遍涂刷。

③檐沟外侧下端应做鹰嘴或滴水槽。

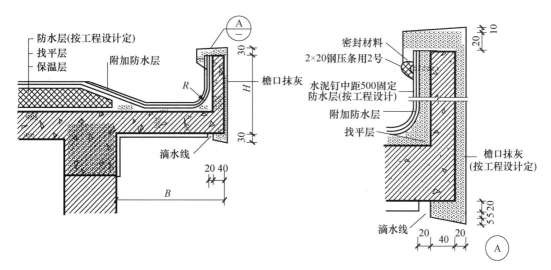

图 5-18　卷材防水屋面檐沟构造

3）泛水。屋面防水层遇到屋面凸出物，如女儿墙、烟囱、管道、楼梯间、水箱、电梯机房、变形缝、屋面出入口等的垂直面时，需将防水层沿垂直面向上延伸，并做收头处理，这种构造称为泛水。泛水处屋面与垂直面相交处应用找平层做出弧形或45°斜面，并应加铺一层附加防水层，用满粘法粘贴牢固。附加防水层在平面和立面的宽度（应自保护层算起）均不应小于250 mm。泛水上口需做好收头处理，以防止卷材在垂直墙面上下滑。墙体为砖墙时，卷材收头可直接铺至女儿墙压顶下，用压条钉压固定并密封材料封闭严密，压顶应做防水处理［图5-19（a）］；卷材收头也可压入砖墙凹槽内固定密封［图5-19（b）］；墙体为混凝土时，卷材收头可采用金属压条钉压，并用密封材料封固［图5-19（c）］。

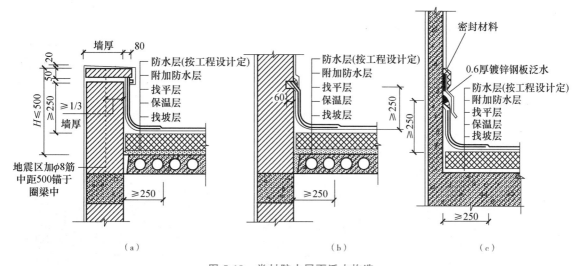

图 5-19　卷材防水屋面泛水构造

（a）泛水收头于较低女儿墙压顶下；（b）泛水收头于砖墙凹槽内；（c）钢筋混凝土墙泛水

2. 涂膜防水层

涂膜防水屋面是在屋面基层上涂刷防水涂料，经固化后形成一层有一定厚度和弹性的整体涂膜，从而达到防水目的的屋面。涂膜防水屋面的基本构造如图5-20所示。涂膜防水层一般由防水涂料和胎体增强材料构成。

```
─40厚C20细石混凝土保护层，内配冷拔φ14双向@150，
  设分格缝缝宽20，内填DS M15砂浆（1：3水泥砂浆），
  纵横间距≤10 m
─隔离层
─涂膜防水层
─20厚DS M15砂浆（1：3水泥砂浆）找平层
─最薄处30厚LC5.0轻骨料混凝土，找坡2%
─钢筋混凝土屋面板
```

图 5-20 涂膜防水屋面构造

（1）防水涂料。防水涂料应根据当地历年最高气温、最低气温、屋面坡度和使用条件等因素，选择耐热性、柔性、延伸性能等相适应的涂料；根据屋面防水涂膜的暴露程度，应选择耐紫外线、热老化保持率相适应的涂料。常用的防水涂料有高聚物改性沥青防水涂料、合成高分子防水涂料和聚合物水泥防水涂料等。

（2）胎体增强材料。胎体增强材料是指设在涂膜防水层中的化纤无纺布、玻璃纤维网布等，作为增强材料。设置胎体增强材料的目的：一是增加涂膜防水层的抗拉强度；二是保证胎体增强材料长短边一定的搭接宽度；三是当防水层拉伸变形时，避免在胎体增强材料接缝处出现断裂现象。

3. 卷材＋涂膜的复合防水层

卷材与涂膜复合使用时，应特别注意选用的防水卷材和防水涂料相容性，并应使涂膜设置在防水卷材的下面。

5.2.4 平屋顶的保温

在寒冷地区或装有空调的建筑中，屋顶应采用保温屋顶。

1. 保温材料的类型

保温材料多为轻质多孔材料，常见的保温材料类型有板状材料、纤维材料、整体材料（图 5-21）。保温层材料常见类型见表 5-5。

平屋顶的保温与隔热

（a）

（b）

（c）

图 5-21 保温材料

(a)纤维材料(岩棉)；(b)板状材料(聚苯乙烯泡沫保温板)；(c)整体材料(现浇泡沫混凝土)

表 5-5　保温层材料类型

保温层	保温材料
板状材料保温层	聚苯乙烯泡沫塑料、硬质聚氨酯泡沫塑料、膨胀珍珠岩制品、泡沫玻璃制品、加气混凝土砌块、泡沫混凝土砌块
纤维材料保温层	玻璃棉、岩棉、矿渣棉制品
整体材料保温层	喷涂硬泡聚氨酯、现浇泡沫混凝土

2. 平屋顶保温构造

平屋顶因屋面坡度平缓，适合将保温层放在屋面结构层上。在平屋顶的构造层中，保温层设置位置有正置式和倒置式两种(图 5-22)。

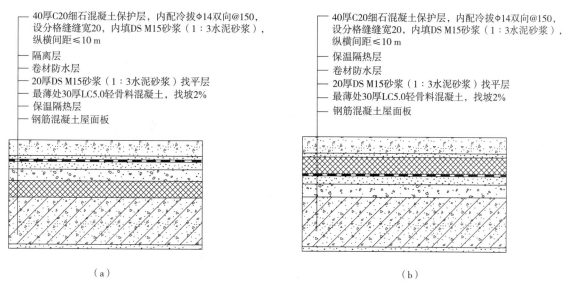

图 5-22　平屋顶保温构造
（a）正置式保温构造；（b）倒置式保温构造

（1）正置式保温。正置式保温是将保温层设置在结构层之上、防水层之下。保温层要求防水层有较好的防水性能，以确保保温材料不受潮。对于有较多水蒸气的房间，为了防止室内水蒸气透过结构层侵入保温层，进而受热膨胀影响防水层，应在保温层下增设一道隔汽层，其材料为涂刷热沥青1~2道或铺油毡（一毡二油）。在设置隔汽层平屋顶保温的同时，为了排除进入保温层的水蒸气，可以在保温层上部或中部设置排气道，在屋顶上设置排气孔。

（2）倒置式保温。倒置式保温是将保温层设置在防水层之上，这种做法有效地保护了防水层，使防水层不直接受自然因素和人为因素的影响，但这种做法的保温材料，自身应具有吸水性小或憎水的性能，如聚苯乙烯泡沫塑料板、聚氨酯泡沫塑料板等憎水材料。在倒置式保温层上还应设置保护层，如混凝土板、粗粒径卵石层等。倒置式屋面的坡度宜为 3%，找坡层上应设找平层。当倒置式屋面坡度大于 3% 时，应在结构层采取防止防水层、保温层及保护层下滑的措施。

5.2.5　平屋顶的隔热

在炎热地区，为防止夏季室外热量通过屋面传入室内，可在屋顶设置隔热层。屋面隔热层设计应根据地域、气候、屋面形式、建筑环境、使用功能等条件，经技术、经济比较确定，可采用种植隔热、架空隔热、蓄水隔热、反射隔热等措施。

1. 种植隔热

种植隔热屋面是在屋顶上铺设种植土或设置容器，种植植物，利用绿色植物的遮挡、光合作用达到隔绝太阳辐射热进入室内的目的。

种植隔热屋面的基本构造层次包括基层、绝热层、找坡（找平）层、普通防水层、耐根穿刺防水层、保护层、排（蓄）水层、过滤层、种植土层和植被层等（图5-23）。具体可根据各地区气候特点、屋面形式、植物种类等情况，增减屋面构造层次。

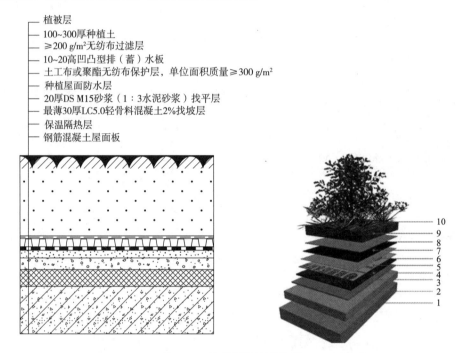

植被层
100~300厚种植土
≥200 g/m²无纺布过滤层
10~20高凹凸型排（蓄）水板
土工布或聚酯无纺布保护层，单位面积质量≥300 g/m²
种植屋面防水层
20厚DS M15砂浆（1:3水泥砂浆）找平层
最薄30厚LC5.0轻骨料混凝土2%找坡层
保温隔热层
钢筋混凝土屋面板

图 5-23　种植隔热屋面构造

1—结构层；2—保温层；3—找平层；4—禹王牌卷材做普通防水层；5—禹王牌耐根穿刺防水层；6—保护隔离层；
7—排水层；8—过滤层；9—营养土(根据设计需要)；10—植物(根据设计需要)

2. 架空隔热

架空隔热屋面是在屋面防水层上采用薄型制品架设一定高度的空间，起到隔热作用的屋面。

普通架空隔热屋面通过架空铺板，由架空层组织通风，起到隔热作用。架空隔热层的高度宜为 180～300 mm，架空板与女儿墙的距离不应小于 250 mm；架空隔热层的进风口宜设置在当地炎热季节最大频率风向的正压区，出风口宜设置在负压区。架空隔热屋面构造如图5-24所示。

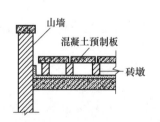

山墙
混凝土预制板
砖墩

图 5-24　架空隔热屋面构造

3. 蓄水隔热

蓄水隔热屋面是在屋面防水层上蓄积深度在 150～200 mm 的水，利用蓄水层起到隔热作用的屋面。

蓄水隔热层的蓄水池应为强度等级不低于 C25、抗渗等级不低于 P6 的混凝土现浇而成，用 20 mm 厚防水砂浆抹面。为便于维护管理，蓄水池应设置人行通道，长度超过 40 m 的蓄水池应划分为若干蓄水区，每区段的边长不宜大于 10 m。蓄水池应设溢水口、排水管和给水管，排水管应与排水出口连通，溢水口距分区段隔墙顶面的高度不得小于 100 mm，如图 5-25 所示。

蓄水隔热屋面不宜用在寒冷地区、地震设防地区和振动较大的建筑物。

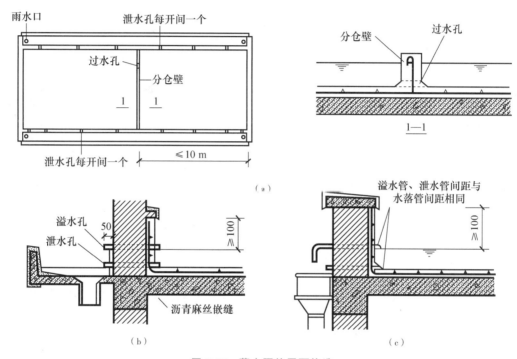

图 5-25　蓄水隔热屋面构造

（a）蓄水隔热屋面平面布置；（b）水平雨水口溢水及泄水构造；（c）垂直雨水口溢水及泄水构造

4. 反射隔热

利用材料表面的颜色和光滑度对热辐射的反射作用来达到隔热降温的目的。常见做法有屋顶表面铺浅色材料、刷白色涂料等（图 5-26）。

图 5-26　涂刷反射降温材料

坡屋顶是中国传统建筑典型的屋顶形式，也是中国古典建筑最具特色的标志之一。不同的屋顶形式和屋面材料使屋顶成为整个建筑最具标识性的组成部分。但在过去很长一段时期内，由于坡屋顶屋面材料的种类和性能在满足防水、维修等方面要求的局限性，平屋顶成为民用建筑首选的屋顶形式。随着坡屋顶结构形式和构造的发展，新型高效的屋面防水材料不断面世，防水技术水平逐渐提高，坡屋顶的应用日益增多。

5.3.1 坡屋顶的承重结构

坡屋顶的承重结构有横墙承重、屋架承重、梁架承重和钢筋混凝土梁板承重等形式。

坡屋顶的组成、结构及排水

1. 横墙承重

当建筑开间≤3.9 m时，可将横墙顶端按屋面坡度砌成尖顶形状，即与屋盖断面相同的形式，纵向搁置檩条以承受屋顶的全部荷载，这种承重结构称为横墙承重，又叫作硬山搁檩(图5-27)。

檩条的跨度与横墙间距有关，截面尺寸由结构计算确定，间距与屋面板强度或椽条的截面尺寸有关。檩条可采用木檩条、钢筋混凝土檩条和钢檩条。采用木檩条时，需在其端头涂沥青做防腐处理。在檩条下，横墙上应预先设置木垫块或混凝土垫块，以使荷载分布均匀。

2. 屋架承重

当建筑的跨度、高度、内部空间都较大时，可采用屋架承重结构。屋架依据跨度可采用木屋架、钢筋混凝土屋架和钢屋架，构造形式有三角形、梯形、矩形、多边形等，多采用三角形。屋架搁置在纵墙上或纵向柱列之间，檩条纵向搁置在两榀屋架之间，形成屋面承重结构，承受屋面荷载(图5-28)。

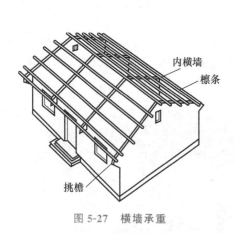

图 5-27 横墙承重

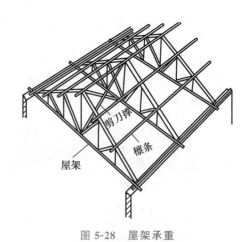

图 5-28 屋架承重

3. 梁架承重

梁架承重结构是我国古代建筑屋顶传统的结构形式，也称木构架，在屋架出现之前，是建筑中采用最多的一种屋顶承重方式。梁架承重结构由柱、梁组成梁架，在每两榀梁架之间搁置檩条，将梁架联系成一个完整的骨架承重体系（图5-29）。建筑物的全部荷载由檩条、梁、柱骨架承担，墙体只起围护和分隔作用，因此这种结构具有框架结构的力学性能，整体性和抗震性俱佳。

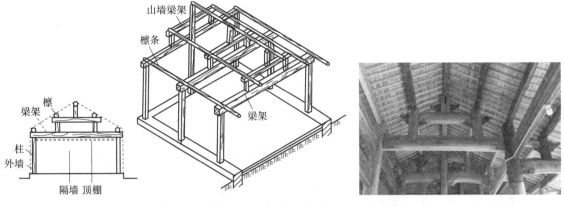

图 5-29　梁架承重

4. 钢筋混凝土梁板承重

钢筋混凝土梁板承重结构是现代坡屋顶建筑最常采用的承重类型（图5-30）。按施工方法分为两种：一种是现浇钢筋混凝土梁和屋面斜板；另一种是预制钢筋混凝土屋面板，直接搁置在屋架或山墙上。

图 5-30　钢筋混凝土梁板承重

5.3.2　坡屋顶的屋面构造

坡屋面主要包括瓦屋面、金属板屋面和透光屋面。瓦屋面通常有块瓦、沥青瓦、波形瓦等（图5-31）。瓦屋面的防水等级和防水做法应符合表5-6的规定。在大风及地震设防区或屋面坡度大于100%时，瓦片应采取固定加强措施；严寒及寒冷地区的瓦屋面檐口部位应采取防止冰雪融化下坠和冰坝形成等措施。

坡屋顶的构造

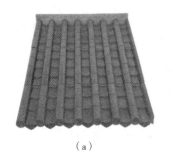 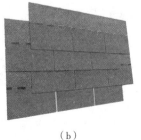 

（a）　　　　　　　　　　（b）　　　　　　　　　　（c）

图 5-31　屋面瓦类型
(a)块瓦；(b)沥青瓦；(c)波形瓦

表 5-6　瓦屋面的防水等级和防水做法

防水等级	防水做法
I	瓦＋防水层
II	瓦＋防水垫层

1. 块瓦屋面

块瓦是由黏土、混凝土和树脂等材料制成的块状硬质屋面瓦材，按外形可分为平瓦、小青瓦和筒瓦（图 5-32）。

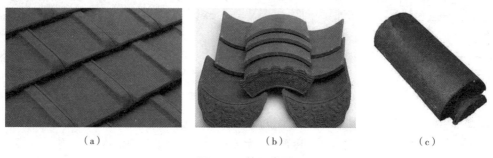

图 5-32　块瓦类型

(a)平瓦；(b)小青瓦；(c)筒瓦

平瓦屋面在块瓦屋面中应用较为广泛。平瓦的横向搭接（包括脊瓦的搭接）应顺当地年最大频率风向，并且满足所选瓦材搭接的构造要求。平瓦的纵向搭接应按上瓦前端紧压下瓦尾端的方式排列，搭接长度必须满足所选瓦材搭接的长度要求。

(1)块瓦的固定。

1)块瓦的固定应根据不同瓦材的特点采用挂、绑、钉、粘的不同方法固定。瓦的排列、瓦的搭接及下钉位置、数量和黏结应按各种瓦的施工要求进行。

2)为了增强屋面平瓦的抗风能力，在平瓦与平瓦之间和屋面脊瓦与脊瓦之间应增设抗风搭扣。处于大风区时，每片瓦都应用螺钉固定。

3)烧结瓦、混凝土瓦应采用干法挂瓦，瓦与屋面基层应固定牢靠。烧结瓦、混凝土瓦屋面的坡度不应小于 30%。

4)当小青瓦和筒瓦屋面的坡度不超过 35°(70%)时，采用卧浆固定；当小青瓦和筒瓦屋面的坡度大于 35°(70%)时，每块瓦都需用 12 号铜丝与满铺钢丝网绑扎固定。

(2)挂瓦条与木基层的固定。

1)木基层的承重系统、檩条的规格应按结构设计确定。当无望板时，在檩条上做椽条和挂瓦条；当有望板时，木望板上需做防水垫层，再固定顺水条和挂瓦条（图 5-33）。

图 5-33　块瓦类型

2)铺设在木望板上的防水垫层可采用 SBS、APP 改性沥青防水卷材、自粘聚合物沥青防水垫层、聚合物改性沥青防水垫层、波形沥青板通风防水垫层、高分子类防水卷材等。防水垫层一般先用顺水条将卷材钉压在木望板上，木顺水条间距为 500 mm。防水卷材应垂直屋脊铺设，搭接缝应顺年最大频率风向搭接。当有挂瓦条时，挂瓦条应铺钉平整、牢固，间距根据瓦规格和屋面坡长确定。

3)大风区域檐口部位的防水垫层应采用自粘沥青防水垫层加强，宽度不应小于 1 000 mm。

(3)挂瓦条、顺水条与基层的固定。

1)块瓦屋面分为钢筋混凝土基层和木质基层。木质基层、顺水条、挂瓦条，均应做防腐、防火和防蛀处理；金属顺水条、挂瓦条，均应做防锈蚀处理。

2)挂瓦条一般固定在顺水条上，顺水条钉牢在持钉层上。如果支承垫板不设顺水条时，可将挂瓦条和支承垫板直接钉在 40 mm 厚的配筋细石混凝土找平层上。

3)钢筋混凝土屋面板应预埋 Φ10@900×900 的钢筋头，伸出保温隔热层或防水垫层 30 mm，无保温隔热层者伸出屋面板 30 mm，且应与 40 mm 厚配筋细石混凝土找平层中敷设的钢筋网连接牢靠。

4)钢挂瓦条与钢顺水条采用焊接连接。

2. 沥青瓦屋面

沥青瓦是以玻璃纤维为胎基、经渗涂石油沥青后，一面覆盖彩色矿物粒料，另一面撒以隔离材料制成的柔性瓦状屋面的防水片材，又称为油毡瓦、多彩沥青油毡瓦和玻纤沥青瓦。沥青瓦分为平面沥青瓦(单层瓦)和叠合沥青瓦(叠层瓦)，叠层瓦的坡屋面比单层瓦的立体感更强。沥青瓦的规格一般为 1 000 mm×333 mm，厚度不小于 2.6 mm，具有自粘胶带或相互搭接的连锁构造，铺设时平均每平方米用量为 7 片。

沥青瓦屋面的坡度不应小于 20%，固定沥青瓦的屋面持钉层可以是钢筋混凝土基层、细石混凝土找平层，也可以是木望板。沥青瓦的固定方式应以钉为主、黏结为辅。每张瓦片上不得少于 4 个固定钉，在大风地区或屋面坡度大于 100% 时，每张瓦片不得少于 6 个固定钉。在屋面周边及泛水部位还应采用沥青基胶粘材料黏结，外露的固定钉钉帽应采用沥青基胶粘材料涂盖(图 5-34)。

图 5-34 沥青瓦屋面

沥青瓦应自檐口向上铺设，第一层应与檐口平行，沥青瓦切槽应向上指向屋脊；沥青瓦之间的对缝上下层应错开。铺设脊瓦时应顺年最大频率风向搭接，并应保证搭盖住两坡面沥青瓦的1/3，脊瓦与脊瓦的压盖面不应小于脊瓦的1/2，每片脊瓦除满涂沥青冷胶料外，还应用油毡或水泥钉固定。

3. 波形瓦屋面

波形瓦分为沥青波形瓦、树脂波形瓦、纤维水泥波形瓦、聚氟乙烯塑料波形瓦和玻纤增强聚酯波形瓦五类，适用于防水等级为二级的坡屋面。

（1）沥青波形瓦由主瓦、脊瓦（阳角瓦）和阴角瓦组成。主瓦可整张使用，也可切割使用，一般按 1/5～1/3 长度切割。主瓦的横向搭接为 1～2 个波，纵向搭接尺寸不少于 100 mm。脊瓦、阴角瓦的搭接尺寸不小于 100 mm。

（2）树脂波形瓦由主瓦、正脊瓦、斜脊瓦、三通脊瓦、脊瓦封头、封檐、封山等组成（图 5-35）。主瓦的横向搭接为 1～2 个波；纵向搭接（包括脊瓦的搭接）尺寸不少于 80 mm。

上下瓦搭接长度应根据屋面的坡度确定，一般为 150～200 mm。波形瓦铺设有切角长边不错缝和不切角长边错缝两种。采用切角长边不错缝铺设时，相邻块瓦的搭接处应随盖瓦方向的不同将对瓦割角，对角间缝隙不宜大于 5 mm。

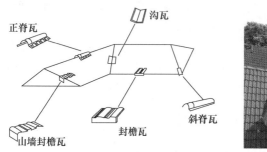

图 5-35　屋面瓦的类型

4. 坡屋顶的细部构造

（1）檐口。烧结瓦、混凝土瓦屋面的瓦头挑出檐口的长度宜为 50～70 mm[图 5-36（a）]。沥青瓦屋面的瓦头挑出檐口的长度宜为 10～20 mm。金属滴水板应固定在基层上，伸入沥青瓦下宽度不应小于 80 mm，向下延伸长度不应小于 60 mm，如图 5-36(b)所示。

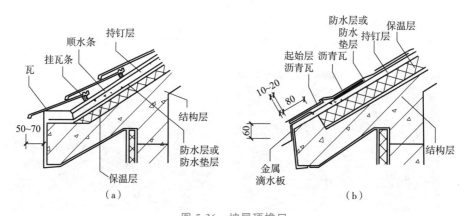

图 5-36　坡屋顶檐口

(a)烧结瓦、混凝土瓦屋面檐口；(b)沥青瓦屋面檐口

（2）檐沟。檐沟防水层伸入瓦内的宽度不应小于 150 mm，并应与屋面防水层或防水垫层顺流水方向搭接。在防水层下增设附加层，附加层伸入屋面的宽度不应小于 500 mm。檐沟防水层和附加层由沟底上翻至檐沟外肋顶部，收头用金属压条钉压，并用密封材料封严。屋面瓦材伸入檐沟长度宜为 50～70 mm；如果是沥青瓦，则伸入檐沟的长度为 10～20 mm（图 5-37）。

（3）天沟。屋面防水层在天沟处尽量整铺，减少因接缝产生渗漏的可能，并在天沟防水层下增设附加层，附加层伸入屋面的宽度不应小于 500 mm。屋面瓦材和沟底防水材料顺流水方向搭接铺设（图 5-38）。

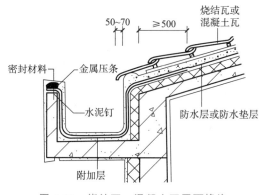

图 5-37　烧结瓦、混凝土瓦屋面檐沟

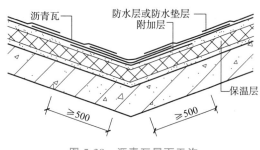

图 5-38　沥青瓦屋面天沟

（4）山墙。坡屋顶在山墙处做山墙封檐时，山墙上部需做压顶，压顶构造同女儿墙压顶，可采用混凝土或金属制品，向内倾斜做出不小于 5% 的排水坡度，压顶内侧下端应做滴水处理。山墙泛水处的防水层下应增设附加层，附加层在平面和立面的宽度均不应小于 250 mm。烧结瓦、混凝土瓦屋面山墙泛水应采用聚合物水泥砂浆抹成，侧面瓦伸入泛水的宽度不应小于 50 mm[图 5-39（a）]。沥青瓦屋面山墙泛水应采用沥青基胶粘材料满粘一层沥青瓦片，防水层和沥青瓦收头应用金属压条钉压固定，并应用密封材料封严[图 5-39（b）]。

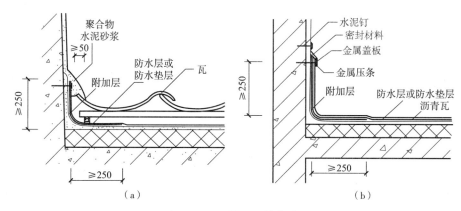

（a）　　　　　　　　　　　　　　（b）

图 5-39　瓦屋面山墙构造
（a）烧结瓦、混凝土瓦屋面山墙；（b）沥青瓦屋面山墙

5.3.3　坡屋顶的保温与隔热

1. 坡屋顶的保温

坡屋顶的保温方式有屋面保温和吊顶保温两种。当采用屋面保温时，其保温层设置在瓦材与檩条之间[图 5-40（a）]。当采用吊顶保温时，通常需在吊顶龙骨上铺板，板上设保温层，可以得到保温和隔热双重效果[图 5-40（b）]。

2. 坡屋顶的隔热

坡屋顶一般利用屋顶通风来隔热，有屋面通风隔热和吊顶通风隔热两种方式。

（1）屋面通风隔热。屋面通风隔热是把屋面做成双层，在檐口设进风口，屋脊设出风口，利用空气流动带走间层的热量，以降低屋顶的温度（图 5-41）。

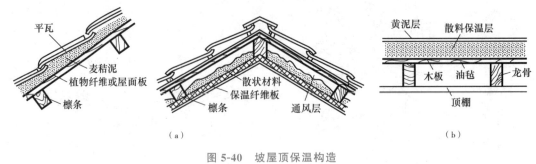

图 5-40　坡屋顶保温构造

(a)屋面保温；(b)吊顶保温

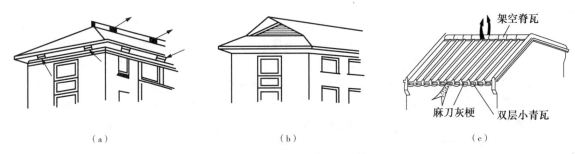

图 5-41　坡屋顶屋面通风隔热

(a)檐口和屋脊通风；(b)歇山通风百叶窗；(c)双层瓦通风屋面

(2)吊顶通风隔热。吊顶通风隔热利用吊顶与坡屋面之间的空间作为通风层，在坡屋顶的歇山、山墙或屋面等位置设通风口(图 5-42)，其隔热效果显著，是坡屋顶常用的隔热方式。

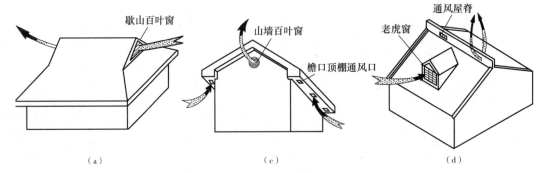

图 5-42　坡屋顶吊顶通风隔热

(a)歇山百叶窗；(b)山墙百叶窗和檐口顶棚通风口；(c)老虎窗和通风屋脊

模块小结

屋顶是建筑最上层的水平围护构件，具有承重、围护、美观的作用。其类型有平屋顶、坡屋顶和其他屋顶。

屋顶排水分为有组织排水和无组织排水两种。其中，有组织排水又有内排、外排和内外排三种。

平屋顶的防水做法主要有卷材防水、涂膜防水和卷材＋涂膜复合防水。

坡屋顶主要由承重结构层、屋面层、保温隔热层和顶棚组成。

一、填空题

1. 屋顶主要有三个作用：＿＿＿＿＿＿、＿＿＿＿＿＿、＿＿＿＿＿＿。

2. 平屋顶常用的屋面坡度＿＿＿＿＿＿，其上人屋面坡度常为＿＿＿＿＿＿；坡屋顶常用坡度为＿＿＿＿＿＿。

3. 平屋顶的找平层一般设置在＿＿＿＿＿＿或＿＿＿＿＿＿之上，通常采用 20～30 mm 厚 1：2.5～1：3＿＿＿＿＿＿进行找平。

4. 平屋顶排水坡度可通过＿＿＿＿＿＿和＿＿＿＿＿＿两种方法形成。

5. 每一根雨水管的屋面汇水面积不得大于＿＿＿＿＿＿ m²。一般民用建筑最常用的雨水管直径为＿＿＿＿＿＿ mm。雨水管的间距一般在＿＿＿＿＿＿ m 以内，最大间距宜不超过＿＿＿＿＿＿ m。

6. 卷材防水屋面的泛水节点处理在转折处应做成＿＿＿＿＿＿或＿＿＿＿＿＿防止卷材被折断。泛水处卷材应采用满贴法，泛水高度最低不小于＿＿＿＿＿＿ mm。

7. 平屋顶隔热的构造做法主要有＿＿＿＿＿＿、＿＿＿＿＿＿、种植隔热、＿＿＿＿＿＿等。

8. 坡屋顶的承重结构形式有＿＿＿＿＿＿、＿＿＿＿＿＿、＿＿＿＿＿＿。

9. 坡屋顶的保温有＿＿＿＿＿＿和＿＿＿＿＿＿两种，隔热有＿＿＿＿＿＿隔热和＿＿＿＿＿＿隔热两种方式。

二、绘图题

根据某建筑施工图图纸信息，见表 5-7，分别绘制屋面 1 及屋面 2 的构造层次图。

表 5-7 建设施工图楼面构造做法

屋面 1：不上人屋面
1. 40 厚 C20 细石混凝土随捣随抹，内配 φ6@150 双向钢筋；
2. 0.8 厚土工布隔离层；
3. 3 厚 SBS 高聚物改性沥青防水卷材（聚酯胎）；
4. 1.5 厚防水涂料（聚氨酯涂膜）；
5. 20 厚 1：3 水泥砂浆找平层；
6. 1：6 水泥焦渣找坡，最薄处 30 厚；
7. 30 厚挤塑聚苯板；
8. 现浇钢筋混凝土屋面板
屋面 2：建筑内檐沟
1. 3 厚 SBS 高聚物改性沥青防水卷材（带保护层）；
2. 附加 3.0 厚高聚物改性沥青防水涂膜；
3. 1.5 厚高聚物改性沥青防水涂膜；
4. 泡沫混凝土找坡兼保温，坡度 1%，最薄处 30 厚；
5. 现浇钢筋混凝土楼板

模块 6　楼梯构造

【知识目标】

1. 了解楼梯形式。

2. 掌握钢筋混凝土楼梯的构造特点和要求。

3. 了解楼梯的细部构造做法。

4. 掌握楼梯尺度设计思路。

【技能目标】

1. 能进行楼梯尺度设计。

2. 能绘制楼梯平面图和剖面图。

【素养目标】

1. 以人为本，关爱特殊人群。

2. 安全至上，切实保障人们生命安全。

6.1　楼梯的认知

6.1.1　楼梯的作用

为了解决人们在不同标高的楼层之间上下通行的需求，需要设置能满足不同场合要求的交通设施。楼梯主要满足人们上下楼层、搬运家居设备及紧急情况下的安全疏散要求[图 6-1(a)]；电梯是现代多层和高层建筑中常见的垂直交通工具；在人流量较大的公共建筑中，一般要设置自动扶梯[图 6-1(b)]。在设有电梯和自动扶梯的建筑中，作为安全疏散通道的楼梯仍不能取消。在建筑的入口处，为了解决室内外高差，需要设置台阶[图 6-1(c)]；为了方便车辆及轮椅的通行，一般需要设置坡道[图 6-1(d)]。

(a)

(b)　　　　(c)

(d)

图 6-1　垂直交通设施

(a)楼梯；(b)自动扶梯；(c)台阶；(d)坡道

6.1.2 楼梯的设计要求

楼梯是建筑物中重要的垂直交通设施，楼梯的设计应符合下列要求。

1. 满足通行要求

楼梯应满足人们正常情况下的通行和搬运家具设备的要求，其数量、位置和形式均应满足有关规范和标准的规定。

2. 满足安全功能要求

楼梯是紧急情况下重要的安全疏散通道，因此其必须满足坚固耐久、防火、防烟等要求。

楼梯的设计要求

3. 具有一定的美观性

大多数楼梯对建筑物具有一定的装饰作用，有时会起到点睛之笔的效果，楼梯还应考虑对建筑内部整体空间效果的影响。

6.1.3 楼梯的类型

建筑中楼梯的类型很多，一般可按下列原则进行分类。

1. 按所处位置分类

楼梯按照所处位置可分为室内楼梯和室外楼梯。

2. 按所用材料分类

楼梯按照所用的主要材料可分为钢筋混凝土楼梯、钢楼梯和木楼梯。

3. 按使用性质分类

楼梯按照使用性质可分为主要楼梯、辅助楼梯、疏散楼梯、消防楼梯等。

4. 按平面形式分类

楼梯按照平面形式可分为单跑直跑楼梯、双跑折角楼梯、双跑平行楼梯、三跑楼梯、双分式楼梯、双合式楼梯、螺旋式楼梯、弧形楼梯、剪刀式楼梯、交叉式楼梯等。常见楼梯平面形式如图 6-2 所示。

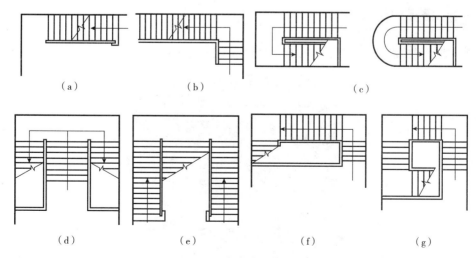

图 6-2 楼梯的平面形式

(a)直上式；(b)曲尺式；(c)双折式；(d)合上双分式；(e)分上双分式；(f)三折式；(g)四折式

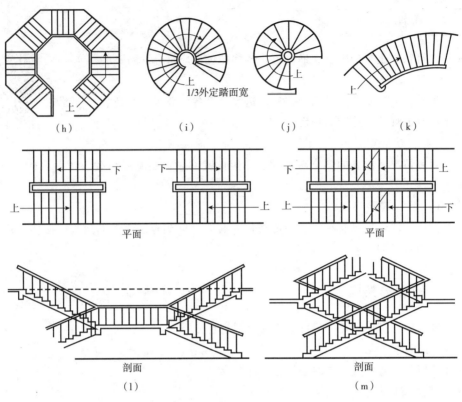

图 6-2　楼梯的平面形式(续)

(h)八角式；(i)圆形；(j)螺旋式；(k)弧形；(l)剪刀式；(m)交叉式

6.2　楼梯的组成和尺度

6.2.1　楼梯的组成

楼梯一般由楼梯段、楼梯平台和栏杆(栏板)扶手三部分组成(图 6-3)。

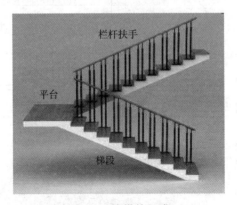

图 6-3　楼梯的组成

1. 楼梯段

楼梯段是联系两个不同标高平台的倾斜构件,又称"梯跑"[图 6-4(a)],它由若干个踏步组成。每个踏步又由两个相互垂直的面构成,供人们行走时脚踏的水平面称为踏面,与踏面垂直的平面称为踢面[图 6-4(b)]。为减少人们上下楼梯时的疲劳感,适应人们的习惯,我国规范规定每段楼梯的踏步数量应在 3~18 步。

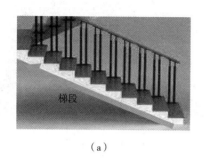

（a）

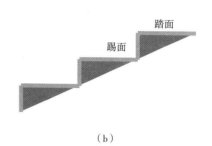

（b）

图 6-4　楼梯段

2. 楼梯平台

楼梯平台是连接相邻楼梯段的水平构件,主要用来解决楼梯段的转折,同时也使人们在上下楼层时能在此处稍作休息,故又称为休息平台。按照平台所处位置与标高不同,平台又分为两种,与楼层标高一致的平台通常称为楼层平台,位于两个楼层之间的平台称为中间平台(图 6-5)。

3. 栏杆(拦板)扶手

为了保证人们在楼梯上的行走安全,在楼梯段和平台临空一侧应设置栏杆或栏板。栏杆(栏板)必须坚固可靠,且有足够的安全高度,并应在其上设置供人们手扶的扶手。当楼梯段宽度不大时,可只在楼梯段的临空侧设置栏杆;当楼梯段的宽度达到三股人流时,非临空侧也应加设靠墙扶手;当楼梯段的宽度达四股人流时,则需要在梯段中间加设中间扶手。

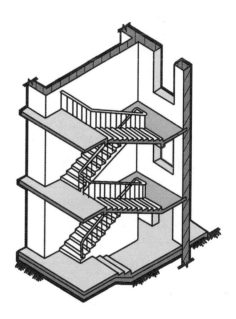

图 6-5　楼梯平台

6.2.2　楼梯的尺度

楼梯除应满足人们正常的垂直交通和紧急情况下的安全疏散等要求外,同时还应满足搬运家具设备和特殊人群的使用要求,所以楼梯各组成部分的尺度应符合有关规范和标准的规定。楼梯的尺度主要包括楼梯的坡度和踏步尺寸、楼梯段尺寸、平台宽度、楼梯净空高度、栏杆扶手尺寸等。

1. 楼梯的坡度和踏步尺寸

楼梯的坡度是指楼梯段沿水平面倾斜的角度。一般来说,楼梯坡度小,人行走舒适,但会增加楼梯间的进深,从而增加建筑面积和工程造价;反之,坡度越大,行走就越吃力。因此,楼梯的坡度应兼顾使用性和经济性。楼梯常见的坡度一般为 20°~45°,通常认为 30°是楼梯的适宜坡度。不同垂直交通设施坡度如图 6-6 所示。

楼梯构造设计

楼梯梯段的坡度是由踏步的高宽比决定的，踏步的高宽比需要根据人流行走的舒适、安全性、楼梯间的尺度、面积等多种因素综合考虑。我们把人们行走时脚踏的面称为踏面，其大小一般用 b 表示。当踏面宽度为 300 mm 时，普通成年人的脚可以完全落在踏面上，行走较舒适。当踏面较小时，人行走时可能会因为脚跟悬空而中心后移，行走不便，甚至会影响行走时的安全。与踏面垂直的面称为踢面，其大小一般用 h 表示，踢面太高，人们易疲惫，踢面太低，又会增加楼梯间的进深。踏步的尺寸可按经验公式确定：$2h+b=600\sim620$ mm。

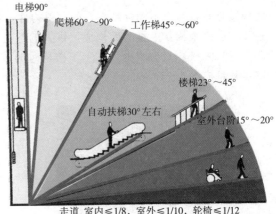

图 6-6　常见垂直交通设施坡度范围

在建筑工程中，踏面宽度一般为 220～350 mm，踏面高度一般为 120～200 mm，踏步的具体尺寸应根据建筑物的实际情况来确定，不同类型建筑踏步尺寸要求见表 6-1。

表 6-1　不同建筑适宜踏步尺寸

楼梯类型	住宅	学校办公楼	影剧院会堂	医院	幼儿园
踏步高/mm	156～175	140～160	120～150	150	120～150
踏步宽/mm	260～300	280～340	300～350	300	260～280

2. 楼梯段尺寸

楼梯段的宽度是指楼梯间墙体内表面到梯井边缘的水平距离。其大小应根据通行的人流股数和建筑防火等级综合确定，梯段宽度必须满足上下人流及搬运物品的需要，一般楼梯段需满足同时两股人流通过。每股人流按照 $[0.55+(0\sim0.15)]$ m 计算。其中，0.55 为我国成年人的平均身高宽度；0.15 为人行走时手臂的摆幅。非主要通行的楼梯，应至少满足单人携带物品通行的需求，梯段净宽不小于 900 mm[图 6-7(a)]。公共建筑至少要满足两股人流通过，其宽度不小于 1 100 mm[图 6-7(b)]。

楼梯段的长度是楼梯段的水平投影长度，其值为 $L=(N-1)b$。其中，N 为每一梯段的踏步数。

两楼梯段之间形成的空隙称为梯井，梯井一般是为楼梯施工方便而设置的，其宽度一般在 100 mm 左右，

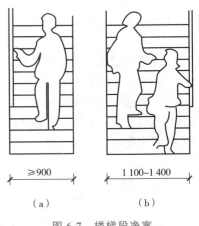

图 6-7　楼梯段净宽

但公共建筑楼梯井的净宽不应小于 150 mm，有儿童经常使用的楼梯，当楼梯井宽度大于 200 mm 时，必须采取防止儿童坠落的安全措施。

3. 平台宽度

楼梯平台宽度包括中间平台宽度和楼层平台宽度。在设计平行和折行多跑等类型的楼梯时，为保证转向后的中间平台能通行和梯段同样股数的人流，同时还应满足搬运家具的需求，平台的宽度应不小于梯段宽度，并不得小于 1 200 mm。医院建筑还应保证担架在平台处能转向通行，其中间平台的宽度应不小于 1 800 mm。直行多跑楼梯中间平台的宽度可等于梯段宽，或不小于

1 000 mm。为有利于人流的分配和停留，封闭式楼梯间楼层平台的宽度可比中间平台的宽度大一些，而开敞式楼梯楼层平台可以与走廊合并使用，其宽度不宜小于 550 mm。

4. 楼梯净空高度

楼梯净空高度是指自踏步前缘 300 mm 处至正上方突出物下缘间的垂直高度。净空高度的大小与人体尺度有关，同时还要考虑人们搬运货物时对空间的实际需求，避免碰头或下缘过低产生压抑感。楼梯净空高度包括梯段下净高和平台下净高，我国规范规定，楼梯平台下净空高度不应小于 2.0 m，梯段下净空高度不应小于 2.2 mm(图 6-8)。

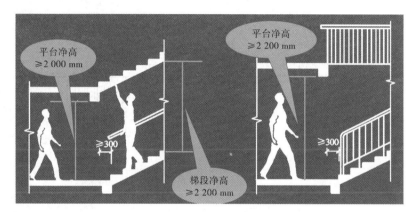

图 6-8 楼梯净空高度

当楼梯底层中间平台下做通道时，为保证平台净空高度大于 2 m 的要求，可根据实际情况采取以下几种做法。

(1)将楼梯底层设计成不等跑，让第一跑的踏步数量多些，第二跑踏步数量少些，利用踏步的多少来调节下部净空高度[图 6-9(a)]。

(2)在室内外高差较大时，局部降低地坪标高[图 6-9(b)]。

(3)同时利用方法 1 和方法 2[图 6-9(c)]。

(4)底层采用直跑楼梯，一个梯段直达二楼，这种楼梯首层梯段较长，对楼梯间进深要求较高[图 6-9(d)]。

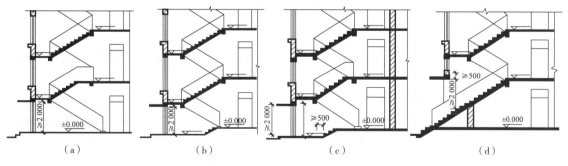

图 6-9 提升楼梯净空高度的措施

(a)底层长短跑；(b)局部降低地坪；(c)底层长短跑并局部降低地坪；(d)底层直跑

5. 栏杆扶手尺寸

楼梯栏杆是保证梯段安全的重要部分，一般设在梯段的边缘和平台临空一侧，要求坚固可靠，并有足够的安全高度，栏杆或栏板上都要安装扶手。梯段宽度达到三股人流时，梯段两侧都要设置扶手；梯段超过三股人流时，还需在梯段中间加设扶手，以保证人们通行安全。

扶手高度是指踏步面前缘至扶手顶面的垂直距离。室内楼梯栏杆(板)扶手高度一般不宜小于900 mm，靠楼梯井一侧水平扶手长度超过500 mm时，其高度不应小于1 050 mm；室外楼梯栏杆高度不应小于1 050 mm；中小学和高层建筑室外楼梯栏杆高度不应小于1 100 mm；供儿童使用的楼梯应在500～600 mm高度增设扶手；为防止儿童穿过栏杆空当而发生危险，栏杆之间的水平距离不应大于110 mm(图6-10)。

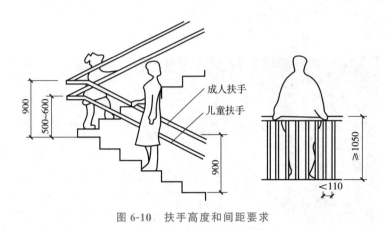

图6-10　扶手高度和间距要求

6.3　钢筋混凝土楼梯构造

钢筋混凝土楼梯因其具有坚固耐久、防火性能好、可塑性好等优点，在建筑工程中得到广泛应用。按其施工方式的不同，可分为现浇整体式和预制装配式两类。

现浇钢筋混凝土楼梯是将楼梯段和平台整体浇筑在一起的楼梯，其整体性好、刚度大，能适应各种楼梯间，充分发挥钢筋混凝土的可塑性，但其施工进度慢、模板耗费多，施工程序较复杂，适合异型的楼梯或整体性要求较高的楼梯。预制装配式钢筋混凝土楼梯施工速度快，受气候影响小，构件由工程生产，质量容易得到保证，但施工时需要配套的起重设备，投资较多。

6.3.1　现浇钢筋混凝土楼梯构造

现浇钢筋混凝土楼梯根据楼梯段的传力与结构形式的不同，可分为板式楼梯和梁式楼梯两种。

1. 板式楼梯

板式楼梯的楼梯段作为一块整浇板，斜向搁置在平台梁上[图6-11(a)]，平台梁之间的距离即为板的跨度，从力学和结构角度看，梯段板的跨度大或梯段上使用荷载大时，都将导致梯段板的截面高度加大。板式楼梯适用于荷载较小、建筑层高较小的建筑，如住宅、宿舍等。

有时为了保证平台过道处的净空高度，可以在板式楼梯的局部位置取消平台梁，一般把这种楼梯称为折板式楼梯[图6-11(b)]，此时板的跨度应为楼梯段水平投影长度与平台深度尺寸之和。

2. 梁式楼梯

当楼梯荷载较大且楼梯的跨度较大时，采用板式梯段不经济，此时须沿着梯段增设斜梁以承受梯段板的荷载，并将其传递给平台梁。这种由踏步、楼梯斜梁、平台梁和平台板组成的楼梯称为梁式楼梯(图6-12)。梁式楼梯适用于荷载较大、建筑层高较大的建筑，如商场、教学楼等公共建筑。

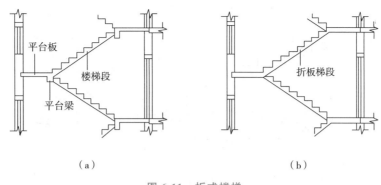

图 6-11　板式楼梯

(a)板式；(b)折板式

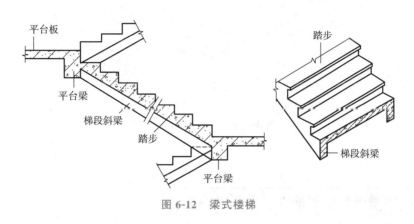

图 6-12　梁式楼梯

梁式楼梯的斜梁通常设置在梯段的两侧[图 6-13(a)]，有时为了节省材料，只在梯段临空一侧设置斜梁，而靠墙一侧不设[图 6-13(b)]，由墙体支撑梯段板。个别楼梯的斜梁设置在梯段板的中部[图 6-13(c)]，形成踏步板向两侧悬挑的受力形式。

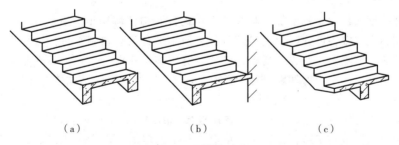

图 6-13　斜梁形式

(a)两侧斜梁；(b)一侧斜梁；(c)中部斜梁

梁式楼梯的斜梁一般暴露在踏步板的下面，从梯段侧面就能看见踏步，称为明步楼梯[图 6-14(a)]。这种做法在梯段下部形成梁的暗角容易积灰，梯段侧面易受清洗踏步的脏水污染，影响美观。另一种做法是把斜梁反设到踏步板上面，此梯段下面是平整的斜面，称为暗步楼梯[图 6-14(b)]。暗步楼梯弥补了明步楼梯的缺陷，但斜梁宽度要满足结构的要求，使梯段的净宽变小。

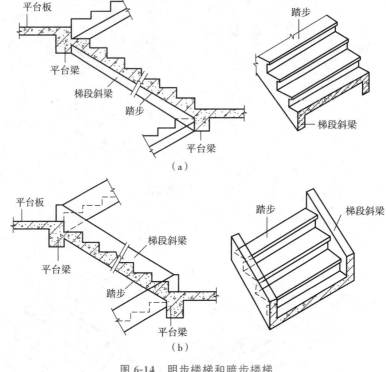

图 6-14 明步楼梯和暗步楼梯

(a)明步楼梯；(b)暗步楼梯

6.3.2 预制装配式钢筋混凝土楼梯构造

预制装配式钢筋混凝土楼梯是指在工厂中预先制作，现场安装拼合的楼梯。按照楼梯各组成构件的尺寸及装配程度，可分为小型构件装配式楼梯、中型构件装配式楼梯和大型构件装配式楼梯三种类型。

1. 小型构件装配式楼梯

小型构件装配式楼梯是将楼梯分解成若干小构件，构件体积小、质量轻，易于制作、运输和现场安装，如一板式楼梯可分解为预制踏步板、预制平台梁和预制平台。这种小型构件装配式楼梯安装次数较多，节点多，安装速度慢且安装时有较多湿作业量，人力消耗较大，适合现场机械化程度低的工地采用。小型构件装配式楼梯主要有梁承式楼梯、墙承式楼梯和悬挑式楼梯三种。

(1)梁承式楼梯。梁承式楼梯由踏步、斜梁、平台梁、平台板组成。预制踏步搁置在斜梁上形成梯段，斜梁搁置在平台梁上，平台梁搁置在楼梯间的墙上，平台板搁置在平台梁及墙上。

预制踏步可以做成一字形、L 形和三角形。斜梁的截面可以做出矩形和锯齿形，矩形斜梁用来支撑三角形踏步板[图 6-15(a)]，锯齿形斜梁用来支撑一字形和 L 形踏步板[图 6-15(b)]。

(2)墙承式楼梯。墙承式楼梯是把预制踏步板直接搁置在两侧墙上(图 6-16)，用承重墙代替斜梁来支撑踏步板，在砌筑墙体时，随砌随安放踏步板。因此，墙承式楼梯具有造价低、施工方便的特点，但上下梯段的人们在通行时通视条件很差，目前较少采用。

(3)悬挑式楼梯。悬挑式楼梯是将预制的 L 形或一字形踏步板的一端砌在楼梯间的侧墙内，另一端悬挑并安装栏杆(图 6-17)。悬挑式楼梯通常不设梯梁和平台梁，因此构造简单，用料省，自重较轻，占用空间少，是一种经济型楼梯。因该楼梯是悬臂结构，楼梯的宽度不宜过大，一般不超过 1 500 mm。由于悬挑式楼梯抗震性能较差，在具有振动荷载和地震区的建筑中不宜使用。

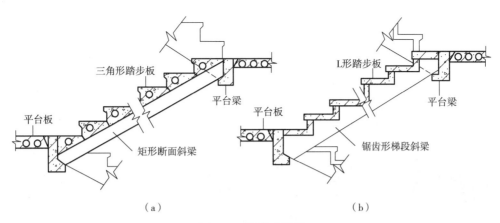

图 6-15　梁承式楼梯

(a)矩形斜梁；(b)锯齿形斜梁

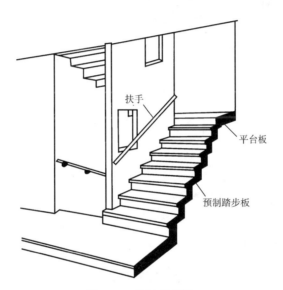

图 6-16　墙承式楼梯

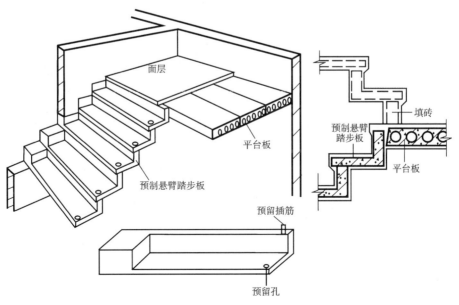

图 6-17　悬挑式楼梯

2. 中型构件装配式楼梯

中型构件装配式楼梯一般由楼梯段和带平台梁的平台板两个构件组成。当起重能力有限时，可将平台梁和平台板分开（图6-18）。

3. 大型构件装配式楼梯

大型构件装配式楼梯是将整个梯段和平台预制成一个构件（图6-19）。这种楼梯的构件数量少，装配化程度高，施工速度快，但施工对起重设备要求高。

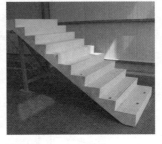

图6-18　中型预制楼梯　　　　　　　　　图6-19　大型预制楼梯

6.4　楼梯的细部构造

楼梯细部构造处理的好坏直接影响楼梯的使用安全和美观，在设计中应引起足够的重视。楼梯的细部构造主要有踏步、栏杆和栏板、扶手等。

6.4.1　踏步和防滑措施

楼梯是建筑中人们使用较频繁的构件，踏步面层容易磨损，影响行走与美观，因此，踏步面层应坚固、耐磨、防滑且便于清洁，以及具有一定的美观性。踏步面层的材料常与门厅、走道的楼地面面层材料一致，常见材料有水泥砂浆、水磨石、地面砖、天然石材等（图6-20）。

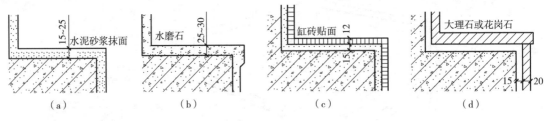

图6-20　踏步面层处理

(a)水泥砂浆踏步面层；(b)水磨石踏步面层；(c)缸砖踏步面层；(d)大理石或花岗石踏步面层

为保证行人在楼梯上的行走安全，防止行走时滑跌，踏步面层应采取一定的防滑措施，最简单的做法是在踏步面层上留两三道凹槽作为防滑槽，但使用过程中易被灰尘填满，影响防滑效果和美观。除做凹槽外，还可在踏面上做防滑条，常用材料有铁屑水泥、金刚砂、塑料条、橡胶条、金属条等（图6-21）。其做法是防滑条长度一般比踏步长度短300 mm左右，即两边各减去150 mm。装饰要求较高的建筑可铺设地毯，不仅起到防滑的作用，还能提高行走的舒适度。

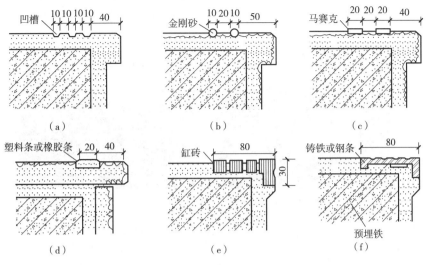

图 6-21 踏步面层防滑处理

(a)防滑凹槽；(b)金刚砂防滑条；(c)贴马赛克防滑条；(d)嵌塑料或橡胶防滑条；(e)缸砖包口；(f)铸铁或钢条包口

6.4.2 栏杆和栏板

栏杆(板)和扶手主要是为了保证楼梯的使用安全，为行人提供可扶持的依靠，同时也是建筑中装饰较强的构件，对材料、形式、色彩、质感等均有较高的要求。

栏杆在楼梯中采用较多，栏杆多采用金属材料制作，如钢材、铝材、铸铁花饰等(图 6-22)。用相同或不同规格的金属型材拼接、组合成不同的图案，使之在确保安全的同时，又能起到装饰作用。栏杆应有足够的强度，能够保证在人多拥挤时楼梯的使用安全，栏杆的垂直构件之间的净间距不应大于 110 mm，经常有儿童活动的建筑，栏杆的分格应设计成儿童不易攀登的形式，以确保安全。

图 6-22 栏杆样式

栏板是采用实体封闭材料制作的(图 6-23)，常用的材料有钢筋混凝土、加筋砌体、木材、玻璃等。栏板的表面应平整光滑，便于清洗。栏板可与梯段直接相连，也可安装在垂直构件上。

图 6-23　实心栏板

6.4.3　扶手

栏杆和栏板的上部都要设置扶手，并对其质感、美观、耐磨等要求较高。扶手一般采用硬木、塑料或金属材料制作(图 6-24)。在栏板的上部可抹水泥砂浆或水磨石等。

扶手与栏杆的固定方法很多，木扶手与栏杆一般用螺钉连接，钢管扶手与钢栏杆一般用焊接连接。

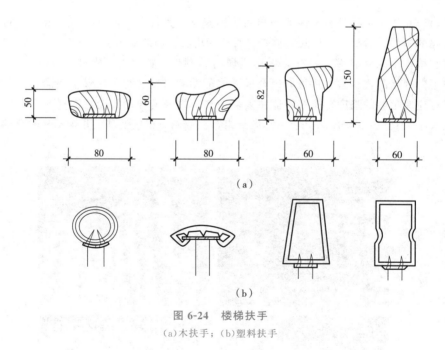

图 6-24　楼梯扶手
(a)木扶手；(b)塑料扶手

6.5　台阶与坡道

台阶和坡道是为了解决室内外高差的过渡而设置的。台阶是供人们进出建筑物之用，坡道是为车辆和残疾人而设置的。台阶和坡道可分开单独设置，也可以合并共同设置。

6.5.1 台阶

1. 台阶的形式

台阶的形式多种多样，应根据建筑的功能、类别来选择，较常用的形式有单面踏步、两面踏步、三面踏步、坡道式、台阶坡道组合式、单面踏步带花池等(图6-25)。

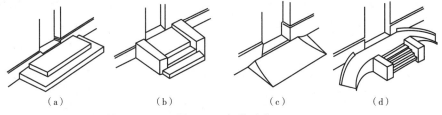

（a） （b） （c） （d）

图 6-25　台阶形式

(a)三面踏步；(b)单面踏步；(c)坡道式；(d)台阶坡道组合式

2. 台阶的尺寸

台阶包含平台和踏步两个组成部分。台阶的平台起缓冲作用，其宽度一般较门洞两边各宽出500 mm，深度一般不小于1 000 mm。为便于排水，防止雨水溢至室内，平台宜比室内地面低20～30 mm，并向外找坡 1%～3%。台阶的踏步数应不少于2阶，当高度不足2阶时，应按坡道设计。台阶的坡道宜平缓，对于公共建筑的台阶，踏步的宽度不宜小于300 mm，高度不宜大于150 mm，同时踏步应做防滑处理。

3. 台阶的构造

台阶的构造做法有实铺式和架空式两种，大多数建筑采用实铺式的做法(图6-26)。其构造包括基层、垫层和面层。基层是素土夯实层，垫层多采用混凝土，面层可采用地面面层材料，如水泥砂浆、水磨石、天然石材等。

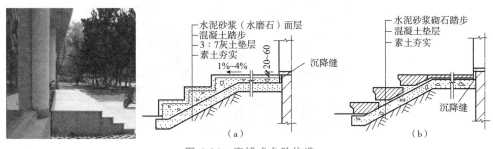

图 6-26　实铺式台阶构造

(a)混凝土台阶；(b)石砌台阶

当台阶尺寸较大或受土壤冻胀较严重时，往往采用架空式台阶(图6-27)。架空式台阶的平台板和踏步板可预制也可现浇，分别搁置在梁或地垄墙上。

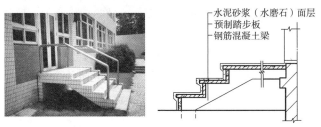

图 6-27　架空式台阶构造

6.5.2 坡道

1. 坡道的形式

按照坡道的用途,可分为行车坡道和轮椅坡道。

行车坡道又可分为普通行车坡道和回车坡道两种(图6-28)。普通行车坡道通常布置在车辆进出的建筑入口处,如出库、车房等。回车坡道与台阶组合在一起,布置在大型公共建筑的入口处,如医院、办公楼等。

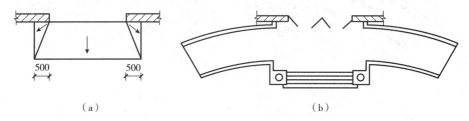

（a）　　　　　　　　　　　　　　（b）

图 6-28　行车坡道形式

(a)普通行车坡道；(b)回车坡道

轮椅坡道是专门供残疾人使用的。为使残疾人能平等地参与社会活动,应在为公众服务的建筑设置方便残疾人使用的建筑设施,轮椅坡道就是其中之一(图6-29)。

图 6-29　轮椅坡道

2. 坡道的尺寸

普通行车坡道的宽度应大于门洞尺寸,每边宽出500 mm以上。坡道的坡度与使用要求和面层材料有关。一般来说,面层光滑的坡道坡度不宜大于1∶12,粗糙材料和设置防滑的坡道可大些,但不应超过1∶6。回车坡道的宽度与坡道半径和通行车辆的规格有关,坡度不应大于1∶10。轮椅坡道因其供残疾人使用,因此有些特殊规定,如坡道宽度不应小于900 mm。

3. 坡道的构造

坡道的构造要求与台阶基本相似,通常采用实铺。坡道面层应选择表面结实的材料,为保证通行安全,坡道面层可设防滑条(图6-30)。

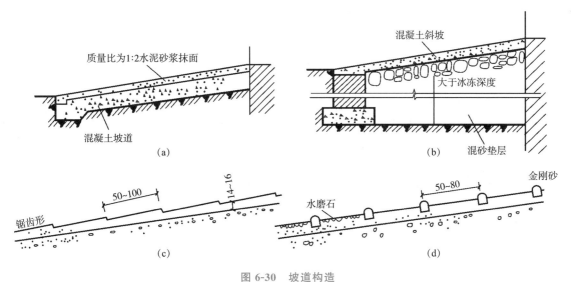

图 6-30　坡道构造

(a)混凝土坡道；(b)石砌坡道；(c)锯齿形防滑坡道；(d)防滑条坡道

模块小结

　　为了解决建筑的垂直交通问题，往往会设置楼梯、电梯、自动扶梯、台阶、坡道等，但无论何时，必须设置楼梯。楼梯的平面形式多种多样，可结合具体的情形选择，平行双跑楼梯因其平面布置紧凑，占地面积较小，故在建筑中被大量采用。

　　楼梯的尺度设计包括楼梯的坡度和踏步尺寸、楼梯段尺寸、平台宽度、楼梯净空高度、栏杆扶手尺寸等。楼梯净空高度包括梯段下净高和平台下净高，其中，梯段下净高不应小于 2 200 mm，平台下净高不应小于 2 000 mm。

　　钢筋混凝土楼梯按施工方法不同，可分为现浇整体式和预制装配式两种。现浇整体式钢筋混凝土楼梯根据楼梯段的传力与结构形式的不同，可分为梁式楼梯和板式楼梯。其中，梁式楼梯又可根据斜梁位置分为明步楼梯和暗步楼梯，而板式楼梯根据平台梁特点又可分为普通板式楼梯和折板式楼梯。预制装配式钢筋混凝土楼梯根据各组成构件的尺寸及装配程度，可分为小型构件装配式楼梯、中型构件装配式楼梯和大型构件装配式楼梯三种。

拓展训练

一、填空题

1. 楼梯主要由_____、_____和_____三部分组成。

2. 楼梯平台按位置不同，可分为_____平台和_____平台

3. 中型构件装配式楼梯一般由_____和带平台梁的_____平台板两个构件组成。

4. 现浇式钢筋混凝土楼梯按构造形式不同，可分为_____楼梯和_____楼梯。

5. 为减少人们上下楼梯时的疲劳和适应人行的习惯，一个楼梯段的踏步数最多不超过_____级，最少不少于_____级。

6. 楼梯的净高在平台处不应小于 _____，在梯段处不应小于 _____。

二、判断题

1. 悬臂板式楼梯的特点是梯段和平台均无支承。 （ ）
2. 小型构件装配式楼梯现场湿作业较多，所以施工速度较慢。 （ ）
3. 梁板式楼梯相比于平板式楼梯承受的荷载较大且跨度也大。 （ ）
4. 住宅楼梯井宽大于 120 mm 时须设置安全措施。 （ ）
5. 楼梯踏步的级数不超过 18 级，且每段梯跑的级数宜为单数。 （ ）

三、简答题

1. 垂直交通设施有哪些？各适用于什么建筑？
2. 现浇钢筋混凝土楼梯的种类有哪些？各有什么特点？
3. 楼梯的设计内容有哪些？各项内容有哪些规范要求？
4. 楼梯的细部构造有哪些内容？

模块 7 门窗构造

【知识目标】

1. 理解门和窗的基本概念，包括定义、作用和组成，并能区分不同类型门和窗的特点。

2. 熟悉常用门和窗材料的种类和性能指标，包括它们的环保和节能特性。

3. 学习门和窗结构的不同类型及其受力特性，以及门和窗与墙体、梁、柱等构件的连接方式。

4. 能够分析门和窗构造设计的原则和方法，考虑建筑的功能需求和所处的环境条件。

【技能目标】

1. 了解门窗的基本构造和材料种类。

2. 掌握门窗的安装和维修方法。

3. 学会门窗的选购和保养技巧。

【素养目标】

1. 培养对门窗构造的观察力和分析能力。

2. 增强对家居安全和环保的意识。

3. 培养对建筑细节的关注和审美能力。

7.1 门窗概述

门窗是建筑中的一个重要组成部分，同时也是建筑围护结构的一个重要部分(图 7-1)。对于建筑物能否正常、安全、舒适地使用，具有较大的影响。门的主要作用是建筑物中不同房间联系及室内外联系的构件，供交通出入、分隔建筑空间、在特殊情况下的安全疏散、采光和通风。门是人们在建筑空间当中活动的必经之路，其材质、色彩、样式均对使用者的心理及建筑空间的整体效果产生相当大的影响。

窗的主要作用是采光和日照。为了满足使用的要求，民用建筑中绝大多数部分房间均要满足一定的照度要求，房间的照度可以通过天然采光和人工照明的方法获得。由于天然采光具有经济、光线均匀、有利于人体健康的优点，所以应充分发挥和挖掘天然采光的潜力，并加以利用。目前，采用根据房间使用面积与房间开窗总面积的比值，简称窗地比，来衡量房间照度值的高低。房间的日照主要靠房间的朝向来解决，同时还要保证太阳光不被前排建筑遮挡。在不同使用条件下，门和窗还具有保温、隔热、隔声、防火、防水、防风沙、防盗等作用。

图 7-1 建筑门窗的立面造型

7.2.1 门的分类

1. 按材料分类

（1）木门。木门使用得比较普遍。门扇的做法也很多，如拼板门、镶板门、胶合板门、半截玻璃门等。

（2）钢门。使用钢框和钢扇的门较少，仅少量用于大型公共建筑和纪念性建筑中。但钢框木扇的钢门，广泛应用于住宅、学校、办公楼等建筑中。

（3）钢筋混凝土门。钢筋混凝土门仅在防空地下室等特殊场合中使用。优点是屏蔽性能好；缺点是自重大，必须妥善解决连接问题。

（4）铝合金门。铝合金门的表面呈银白色或深青铜色，给人以轻松、舒适的感觉，主要用于商业建筑和大型公共建筑物的主要出入口。

（5）塑料门。塑料门的气密、水密、耐腐蚀、保温和隔声等性能均比木、钢、铝合金门好，且它自重轻、阻燃、不需表面涂漆、色泽鲜艳、安装方便、可节约木材和金属材料、造价中等，是我国大力推广的项目，具有广阔的发展前景。另外还有钢塑、木塑、铝塑等复合材料制作的门。

（6）无框玻璃门。无框玻璃门是一种采用无边框设计的玻璃门，通常用于现代家居和商业空间的隔断。这种门的主要特点是结构简洁、通透，能够最大限度地保持空间的开阔感，同时还可以增强室内采光。

以上门的分类中（图7-2），木门以质地具有温暖感、装饰效果好、色彩丰富、密封较好，而得到广泛采用。

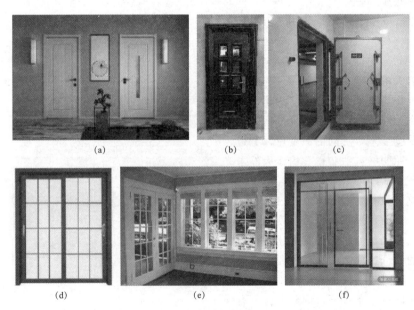

图 7-2 各种材质的门

(a)、(c)木门；(b)、(d)钢门；(e)塑料门窗；(f)无框玻璃门

2. 按开启方式分类

(1)平开门。平开门是水平开启的门，它的铰链安装在门扇的一侧并与门框相连，使门扇围绕铰链轴转动(图7-3)。其门扇有单扇、双扇、向内开和向外开之分。在寒冷地区，为满足保温要求，可以采用双层门。需要安装纱门的建筑，纱门与玻璃门分别内开、外开。作为安全疏散门时通常应外开。平开门构造简单，开启灵活，安装、维修、制作加工方便，是房屋建筑中使用最广泛的一种形式。

(a)   (b)

图 7-3　平开门

(a)内门；(b)外门

(2)弹簧门。弹簧门也是水平开启的门，与普通门的不同之处是门扇侧边使用弹簧铰链或地弹簧，借助弹簧的力量使门扇能向内、向外开启并可经常保持关闭，适用于人流较多、需要自动关闭的场所(图7-4)。为避免逆向人流相互碰撞，一般门上都安装有玻璃。托儿所、幼儿园等类型建筑中儿童经常出入的门，不可以使用弹簧门，以免碰伤小孩。弹簧门有较大的缝隙，在寒冷地区使用不利于保温。弹簧门使用方便、美观大方，广泛用于商店、学校、医院、办公楼和商业大厦等建筑中。

图 7-4　弹簧门

(3)推拉门。推拉门的门扇是通过上下轨道，左右推拉滑动进行开关的，通常为单扇和双扇，也可做成双轨多扇或多轨多扇。开启后，门扇可隐藏于墙内或悬于墙外，不占室内空间，但封闭不严。根据轨道的位置，推拉门可分为上挂式和下滑式。当门扇高度小于4 m时，一般采用上挂式推拉门，即在门扇的上部装置滑轮，滑轮吊在门过梁的预埋铁轨(上导轨)上；当门扇高度大于4 m时，一般采用下滑式推拉门，即在门扇下部装滑轮，将滑轮置于预埋在地面的铁轨(下导轨)上。推拉门受力合理、不易变形、构造也较复杂，较多用作工业建筑中的仓库和车间大门。在民用建筑中，一般采用轻便推拉门分隔内部空间，推拉门适用于2个空间需扩大联系的门。在人流较多的场所，还可以采用光电式或触动式自动启闭推拉门，如图7-5所示。

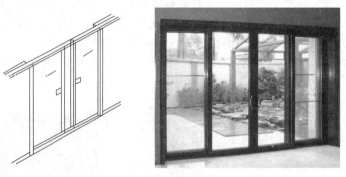

图7-5　推拉门

（4）折叠门。折叠门可分为侧挂式折叠门和推拉式折叠门两种。其由多扇门构成，每扇门宽度为500～1 000 mm，一般以600 mm宽为宜，适用于宽度较大的洞口。一般用作商业建筑的门，或公共建筑中作灵活分隔空间用的门，如图7-6所示。

图7-6　折叠门

（5）转门。转门由三或四扇门连成风车形，固定在中轴上，安装于圆形的门框上，在圆弧形门套内旋转。门扇旋转时，有两扇门的边梃与门套接触，可阻止内外空气对流。这种门的保温性能好、卫生条件好，作为不需空气调节的季节或大量人流疏散时使用。当设置在疏散口时，一般在转门两旁另设平开门或弹簧门。转门构造复杂，造价高，不宜大量采用，常用于大型公共建筑的主要出入口，如图7-7所示。

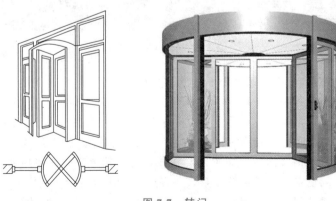

图7-7　转门

(6)卷帘门。卷帘门多用于商店橱窗或商店出入口外侧，主要起封闭作用。

(7)翻板门。翻板门多用于车库或商店仓库出入口处，主要起封闭作用。

3. 按功能分类

按功能可分为保温门、隔声门、防火门、防盗门、通风或遮阳的百叶门等。

7.2.2 平开木门构造

平开木门主要由门框、门扇、五金零件及亮子等附件组成，如图7-8所示。

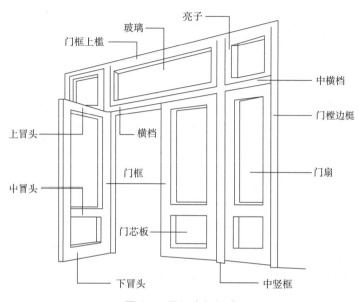

图 7-8　平开木门组成

门的尺度是指门洞口的高、宽尺寸，一般根据交通、运输、疏散的要求而定。其尺度取决于人的通行要求、家具器械的搬运及与建筑物的比例关系等，并要符合现行《建筑模数协调标准》(GB/T 50002)的规定。通常居住建筑，单扇门的宽度为800～1 000 mm，双扇门的宽度为1 200～1 800 mm。宽度在2 100 mm以上时，则做成三扇、四扇或双扇带固定扇的门，因为门扇过宽，易产生翘曲变形，同时也不利于开启。辅助房间(如浴厕、储藏室等)的门的宽度为600～800 mm。门的高度一般为2 000～2 100 mm，如设有亮窗时，门的高度一般可增加300～600 mm，则门洞高度为门扇高加亮子高，再加门框及门框与墙间的缝隙尺寸，即门洞高度一般为2 400～3 000 mm。公共建筑大门高度尺寸一般可按需要适当提高。为了使用方便，一般民用建筑门均编制成标准图集，在图上注明类型及有关尺寸，设计时可按需要直接选用。

门窗是建筑用量较大的构件，为了设计、施工和制作方便，应对门窗进行编号。只有洞口尺寸、分格形式、用材、层数、开启方式均相同的门窗才能作为同一编号。门的代号用"M"表示，如M1、M2、M3；窗的代号用"C"表示，如C1、C2、C3；住宅中经常出现阳台门和窗相结合的情况，即门连窗，此时用"MLC"表示，如MLC1、MLC2、MLC3。

1. 门框

(1)门框的组成与断面尺寸。门框一般由2根边框和上框、中横框组成。多扇门还要增设中竖框，外门有时还要加设下框，以起到防风、隔雨、挡水、保温、隔声等作用(图7-9)。

门框的断面形状与窗框类同，只是门负载较窗大，尺寸也较大。门框的断面形式还与门的类型、层数有关，同时应利于门的安装，并应具有一定的密闭性，门框的断面尺寸主要考虑接榫牢固与门的类型，还要考虑制作时的抛光损耗。因此，门框的毛料尺寸：双裁口的木门，门框上安装2层门扇时，厚度×宽度为(60～70)mm×(130～150)mm；单裁口的木门，只安装一层门扇时，厚度×宽度为(50～70)mm×(100～120)mm。为了便于门扇密闭，门框上要有裁口(即铲口)。根据门扇数与开启方式的不同，裁口的形式可分为单裁口与双裁口两种。单裁口用于单层门，双裁口用于双层门或弹簧门。裁口宽度要比门扇宽度大1～2 mm，以利于安装和门扇开启，裁口深度一般为8～10 mm。

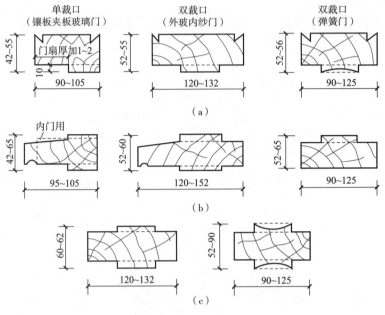

图 7-9　开木门门框断面形状与尺寸

(a)边框；(b)中横框；(c)中竖框

(2)门框与墙体的连接。门框与墙的连接构造与窗框与墙的连接构造相同。一般情况下，除次要门和尺寸较小的门外，门框均应采用结合紧密、牢固的立口做法，如图7-10所示。

(3)门框与墙的关系。门框同窗框一样，在墙洞中的位置也有内平、居中和外平3种。框内平时，门扇开启角度最大，可以紧靠墙面，少占室内空间，所以最常采用。门框四周的抹灰极易开裂脱落，因此在门框与墙结合处做贴脸板和压条盖缝，贴脸板一般为15～20 mm厚、30～75 mm宽，木压条厚与宽为10～15 mm。装修标准高的建筑，还可在门洞两侧和上方设筒子板。

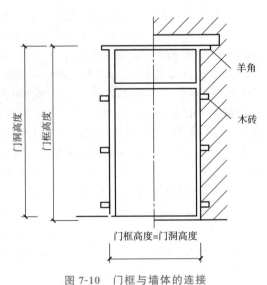

图 7-10　门框与墙体的连接

2. 门扇

民用建筑的门扇常见的有镶板门、夹板门和拼板门等。

(1)镶板门。镶板门是广泛使用的一种门，门扇由骨架和门芯板组成(图7-11)。其中，骨架是由上、下冒头和2根边框及中冒头、中竖框组成；门扇的边框与上、中冒头的断面尺寸一般相同，厚度为40～45 mm，宽度为100～120 mm。因下冒头被撞踢的机会多，为了减少门扇的变形，下冒头的宽度一般加大至 160～250 mm，并与边框采用双榫结合。门芯板一般采用 10～12 mm 厚的木板拼成，也可采用硬质纤维板、胶合板、塑料板、玻璃和塑料纱等。当门芯板用玻璃代替时，则为玻璃门，可以是半玻璃门或全玻璃门。若用塑料纱或铁纱、百叶代替时，则为纱门或百叶门。

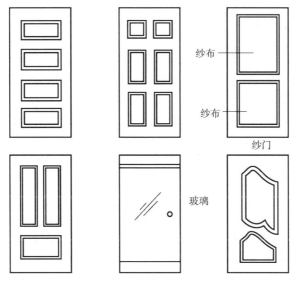

图 7-11　镶板门构造

(2)夹板门。夹板门也称合板门，由方木做成骨架和两面粘贴面板组成。其中，骨架一般用厚32～35 mm、宽 30～36 mm 的木料做边框，中间的肋条用厚约 30 mm、宽 10～25 mm 的木条，内为格形纵横肋条，间距一般为 200～400 mm，安门锁处需要另加锁木。夹板门有横向骨架、双向骨架、密肋骨架和蜂窝纸骨架几种形式(图 7-12)。

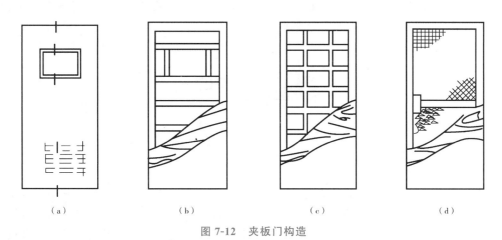

　(a)　　　　　　　　(b)　　　　　　　　(c)　　　　　　　　(d)

图 7-12　夹板门构造
(a)门扇外观；(b)水平骨架；(c)双向骨架；(d)格状骨架

(3)拼板门。拼板门的门扇由骨架和木条组成。无骨架的拼板门称为实拼门。拼板门按木条拼接形式不同，可分为单面直拼板门、单面横拼板门和双面保温拼板门等几种。拼板门采用断面较大的用料组成骨架，然后再在骨架两侧设置拼接门芯板。当门需要保温时，还可以在两层门芯板之间填加保温材料，如毛毡、玻璃纤维棉、岩棉等。拼板门坚固耐用、构造简单、保温隔声效果好，但其自重较大，感观也较差，多用于外门。拼板门是采用厚度相同的板材，用专用胶粘剂拼接而成，然后利用加工生产线制成不同图案的门芯，具有美观、耐用的特点，目前在装修标准较高的民用建筑中大量采用。

（4）无框玻璃门。无框玻璃门用整块安全平板玻璃直接做成门扇，立面简洁，常用于公共建筑。在使用时最好能由光感设备自动启闭，否则应有醒目的拉手或其他识别标志，以防止发生安全问题。

3. 门窗五金

门窗五金的用途是在门窗各组成部件之间以及门窗与建筑主体之间起到连接、控制以及固定的作用。门的五金主要有把手、门锁、铰链、闭门器和门挡等。窗的五金有铰链、风钩、插销、拉手以及导轨、转轴、滑轮等。

（1）铰链。铰链是连接门窗扇与门窗框，供平开门及平开窗开启时转动的五金件。有些铰链又被称为合叶。

（2）插销。插销是门窗扇关闭时的固定用具。插销也有很多种类，推拉窗常采用转心插销，转窗和悬窗常用弹簧插销，有些功能特别的门会采用通天插销。

（3）把手。把手是装置在门窗扇上，方便把握开关动作时用的。最简单的固定式把手也称为拉手，而有些把手与门锁或窗销结合，通过其转动来控制门窗扇的启闭，它们也被称为执手。因为直接与人手接触，所以设计时需要考虑它的大小、触觉感受等方面的因素。

（4）门锁。门锁多装于门框与门扇的边框上，也有的直接安装在门扇和地面及墙面交接处，更有些与把手结合成为把手门锁，如球形锁、叶片执手锁、弹子执手插锁、弹子拉环插锁、弹子拉手插锁。智能化的电子门锁近几年开始在居住和公共建筑中大量出现，它们以加强了安全性和合理性配合建筑的管理措施，有的可以通过数字面板设置密码，还有的用电子卡开锁，而且不同的卡可以设置不同的权限以规定不同的使用方式，除此之外还有指纹锁等。

（5）闭门器。闭门器是安装在门扇与门框上自动关闭开启门的机械构件。闭门器有机械式液压控制的，也有通过电子芯片控制的。

（6）定门器。定门器也称门碰头或门吸，装在门扇、踢脚板或地板上。定门器是在门开启时作为固定门扇之用，同时使把手不致损坏墙壁。

7.3　窗的构造

7.3.1　窗的种类

按窗的框料材质分类，分为铝合金窗、塑钢窗、彩板窗、木窗、钢窗等。其中铝合金窗和塑钢窗外观精美、造价适中、装配化程度高，铝合金窗的耐久性好，塑钢窗的密封、保温性能优，所以在建筑工程中应用广泛；木窗由于消耗木材量大，耐火性、耐久性和密闭性差，其应用已受到限制。

按窗的开启方式分类，分为固定窗、平开窗、上悬窗、中悬窗、下悬窗、立转窗、垂直推拉窗、水平推拉窗、百叶窗等（图7-13）。

1. 固定窗

固定窗为不能开启的窗，不需窗扇，玻璃直接镶嵌于窗框上，仅作采光和通视之用，玻璃尺寸可以较大。固定窗构造简单、密闭性好。

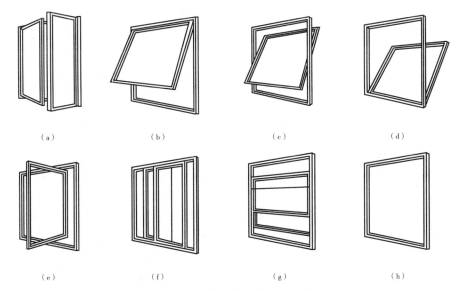

图 7-13 按窗的开启方式分类

(a)平开窗；(b)上悬窗；(c)中悬窗；(d)下悬窗；(e)立转窗；(f)水平推拉窗；(g)垂直推拉窗；(h)固定窗

2. 平开窗

平开窗有内开和外开之分。它构造简单，制作、安装、维修方便，在一般建筑中应用最广泛。

3. 悬窗

悬窗按旋转轴的位置不同可分为上悬窗、中悬窗和下悬窗三种。上悬窗和中悬窗向外开启，其防雨效果较好，常用于高窗；下悬窗外开不能防雨，内开又占用室内空间，只适用于内墙高窗及门上亮子。

4. 立转窗

立转窗是在窗扇上、下冒头中部设转轴，使窗户能够立向转动，它有利于采光和通风，但安装纱窗不便，且密闭和防雨性能较差。

5. 推拉窗

推拉窗分为水平推拉窗和垂直推拉窗两种。水平推拉窗需要在窗扇上下设滑轨槽，垂直推拉窗需要升降及制约措施。推拉窗的窗扇前后交叠在不同的直线上，开启时不占据室内外空间，窗扇和玻璃的尺寸均可较平开窗稍大。推拉窗尤其适用于铝合金及塑料门窗，但其通风面积受限。

6. 百叶窗

百叶窗的百叶板有活动和固定两种。活动百叶板常作遮阳和通风之用，易于调整；固定百叶窗常用于山墙顶部作为通风之用。

7.3.2 窗的尺寸

窗扇高度为 800～1 200 mm，宽度不宜大于 500 mm；上、下悬窗的窗扇高度为 300～600 mm；中悬窗窗扇高度不宜大于 1 200 mm，宽度不宜大于 1 000 mm；推拉窗高宽均不宜大于 1 500 mm。各类窗的高度与宽度尺寸通常采用扩大模数 3M 数列作为洞口的标志尺寸。

1. 铝合金窗的组成与构造

铝合金窗质量轻，强度高，具有良好的气密性和水密性，隔声和耐蚀性能

窗的分类及其构造

也较普通钢窗、木门窗有显著提高。铝合金窗是由铝合金型材组合而成的，经氧化处理后的铝型材呈金属光泽，不需要涂漆和经常性地维护；经表面着色和涂膜处理后，可获得多种不同色彩和花纹，具有良好的装饰效果。

（1）铝合金窗的组成。铝合金窗有水平推拉窗、平开窗、百叶窗、隐框窗。平开窗和推拉窗又有带纱窗的和不带纱窗的。各类窗的系列按窗框的厚度构造尺寸划分，主要包括 40 系列、50 系列、55 系列、70 系列、90 系列、100 系列等。铝合金窗由窗框、窗扇、玻璃、五金配件、密封材料等组成。铝合金窗使用的建筑型材壁厚在一般情况下不宜低于 1.4 mm，铝合金型材表面阳极氧化膜厚度应大于 10 μm；五金配件选用材料除不锈钢外，应经防腐处理，不允许与铝合金型材发生接触腐蚀。

（2）铝合金窗框与墙体的结合。铝合金窗框应采用塞口安装，窗框装入洞口应横平竖直，外框与洞口应弹性连接牢固，不得将窗外框直接埋入墙体。这样做一方面是保证建筑物在一般振动、沉降和热胀冷缩等因素引起的互相撞击、挤压时，不致使窗损坏；另一方面使外框不直接与混凝土、水泥浆接触，避免碱对铝合金型材的腐蚀，对其延长使用寿命有利。铝合金窗框与墙体用连接件连接，连接方式主要有四种：一是预埋件焊接件连接，适用于钢筋混凝土结构；二是燕尾铁脚螺栓连接，适用于砖墙结构；三是金属胀锚螺栓连接，适用于钢筋混凝土结构、砖墙结构；四是射钉连接，适用于钢筋混凝土结构，如图 7-14 所示。

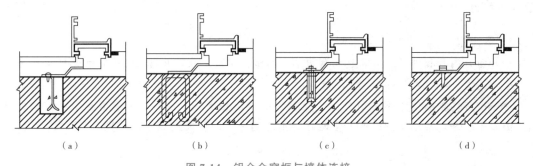

（a）　　　　　　（b）　　　　　　（c）　　　　　　（d）

图 7-14　铝合金窗框与墙体连接

(a)预埋铁件；(b)燕尾铁脚；(c)金属膨胀螺栓；(d)射钉

铝合金窗框与墙体的缝隙填塞应按设计要求处理。一般多采用矿棉条或玻璃棉毡条分层填塞，缝隙外表预留深 5～8 mm 的槽口以填嵌密封材料。这样做主要是为了防止窗框四周形成冷热交换区产生结露，影响建筑物的保温、隔声、防风沙等功能，同时也能避免砖和砂浆中的碱性物质对窗框造成腐蚀，如图 7-15 所示。

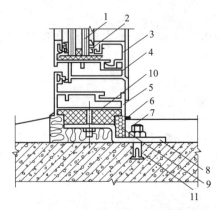

图 7-15　铝合金窗框与墙体的缝隙填塞

1—玻璃；2—橡胶密封条；3—压条；4—内扇；5—外框；6—密封膏；

7—砂浆；8—地脚；9—软填料；10—塑料垫；11—膨胀螺栓

（3）铝合金窗中玻璃的选择及安装。玻璃的厚度和类别主要根据面积大小、热功要求来确定。平开窗和推拉窗一般采用厚度为 5 mm 普通平板玻璃或浮法玻璃；铝合金百叶窗的玻璃叶片及其他窗用玻璃，一般采用厚度为 5 mm 的普通平板玻璃或浮法玻璃；隐框铝合金窗一般采用厚度为 6 mm 的镀膜玻璃。在玻璃与铝型材接触的位置设垫块，周边用橡胶密封条固定。安装橡胶密封条时应留有伸缩余量，一般比窗的装配边长 20～30 mm，并在转角处斜边断开，然后用胶粘剂粘贴牢固，以免出现缝隙。

（4）铝合金窗的组合。铝合金窗的组合主要有横向组合和竖向组合两种。组合时，应采用套插搭接形成曲面组合，搭接长度宜为 10 mm，并用密封膏密封。组合的节点示意如图 7-16 所示。应当阻止平面同平面组合的做法，因为它不能保证门窗的安装质量，应采用套插、塔接形成曲面组合以保证门窗的安装质量。

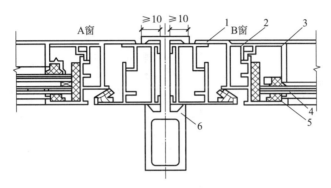

图 7-16　组合的节点示意图

1—外框；2—内扇；3—压条；4—橡胶密封条；5—玻璃；6—组合杆件

2. 塑钢窗的组成与构造

塑钢窗是将添加多种耐候、耐蚀添加剂的塑料挤压成型材组成的窗。它具有耐水、耐蚀、阻燃、抗冲击、不需表面涂装等优点，其保温隔热性能比钢窗和铝合金窗要好。现代的塑钢窗均采用改性混合体系的塑料制品，具有良好的耐候性能，使用寿命可达 30 年以上。此外，多数塑钢型材中宜用加强筋来提高窗的刚度，如图 7-17 所示。

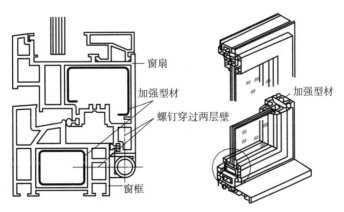

图 7-17　塑钢窗的构造

加强筋可用金属型材，也可用硬质塑钢型材。加强型材的长度应比窗型材长度略短，以不妨碍窗型材端部的连接为宜。当加强型材与窗的材质不同时，应使它们之间的连接较为宽松，以适应不同材质温度变形的需要。塑钢窗的安装、玻璃的选配等都与铝合金窗类似。塑钢窗一般采用后塞口安装，墙和窗框间的缝隙应用泡沫塑料等发泡剂填实，并用玻璃胶密封。安装时可用射钉或塑料、金属膨胀螺栓固定，也可与预埋件固定在一起，塑钢窗的安装构造，如图7-18所示。

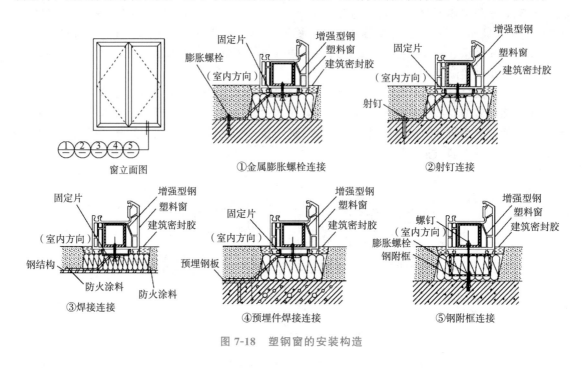

图7-18　塑钢窗的安装构造

模块小结

　　门窗作为建筑的重要组成部分，不仅起到出入和通风的作用，还关系到建筑的采光、保温、隔音和安全等多个方面。门的主要功能是连接不同房间和室内外空间，提供通道、分隔空间，并在必要时进行安全疏散。而窗户则主要用于采光和日照，通过天然光源提供室内照明，同时窗户的设计还应考虑房间的朝向，以充分利用太阳光。此外，门窗还应具备保温、隔热、隔声、防火、防水、防风沙及防盗等多重功能。

　　门窗的构造和材料种类繁多，常见的有木门、钢门、铝合金门、塑料门窗等，它们各自具有独特的性能和适用场合。例如，木门以质地温暖、装饰效果好而广泛采用；塑料门窗则以其良好的气密性、水密性、耐腐蚀性、保温和隔声性能而受到推崇。门窗的开启方式也多种多样，包括平开、弹簧、推拉、折叠、转门等，每种方式都有其特定的应用场景和优势。门窗的五金配件，如铰链、把手、门锁等，也是其不可或缺的组成部分，它们在门窗的使用中起到关键的连接、控制和固定作用。

　　门窗的设计和安装需要综合考虑建筑的功能需求和环境条件。门的高度通常不小于2 000 mm，单扇门宽度为800～1 000 mm，双扇门宽度为1 200～1 800 mm。窗户的尺寸设计应满足通风、采光和视野的要求，同时考虑建筑的整体美观。铝合金窗和塑钢窗是现代建筑中常用的两种类型，它们具有轻质、高强度、良好的密封性能和装饰效果。在安装时，需要特别注意窗框与墙体的连接方式和缝隙的处理，以确保门窗的稳定性、密封性和耐久性。此外，门窗的组合方式、玻璃的选择和安装也是保证其性能的重要环节。

一、填空题

1. 一般情况下，门的高度不小于_____mm；单扇门宽度为_____mm，双扇门宽度为_____mm。

2. 一般平开窗的窗扇高度为_____mm，宽度不宜大于_____mm。各类窗的高度与宽度尺寸通常采用扩大模数_____数列作为洞口的标志尺寸。

3. 铝合金窗框与窗洞四周的缝隙，一般采用_____或_____填塞，外表留5～8 mm深的槽口用_____等密封胶密封。

4. 塑钢窗窗框和墙体间的缝隙处填入_____等发泡剂，然后再窗框四周内外侧与窗框之间用1∶2_____嵌实、抹平，最后用_____进行密封处理。

5. 平开木门的门扇有很多做法，民用建筑中常见的有_____、_____、_____、夹板门、玻璃门等。

6. 铝合金窗的窗框与墙体之间采用燕尾铁脚、_____、_____、_____等方式连接。

7. 目前铝合金门的开启方式多为_____、_____、_____。

8. 推拉门的支承方式分为上挂式和下滑式两种，当门扇高度小于4 000 mm时，用_____；当门扇高度大于4 000 mm时，多用_____。

9. 卷帘门主要由_____、_____及_____组成。

二、简答题

1. 简述门窗的主要作用。
2. 简述门窗的尺度要求。
3. 简述门窗的组成。

模块 8　变形缝构造

【知识目标】

1. 理解变形缝的类型、特点和作用。

2. 掌握变形缝的设置原则。

3. 掌握变形缝的典型构造。

【技能目标】

1. 能够绘制出变形缝的构造图。

2. 能根据实物绘制变形缝示意图。

【素养目标】

1. 树立安全意识，增强防范能力。

2. 提高团队合作与协调的能力。

8.1　变形缝的基础知识

8.1.1　变形缝的概念

建筑物受到外界各种因素的影响，如温度变化的影响、房屋相邻部分承受不同荷载的影响、房屋相邻部分结构类型差异的影响、地基承载力差异的影响和地震的影响等，使房屋结构内部产生附加的变形和应力，对此如果不采取措施或措施不当，将会造成建筑物的开裂，导致破坏，甚至倒塌，影响建筑物的使用与安全。

变形缝的概念
和设置

为避免这种状态的发生，可以采取"阻"或"让"两种不同措施。

"阻"是通过加强建筑物的整体性，使建筑物本身具有足够的强度与刚度，以阻止和抵御这些破坏应力，不产生破坏；后者是预先在变形敏感部位将结构断开，并留出一定的缝隙，以保证建筑物各部分能独立变形，互不影响，即以退让的方式避免破坏。"让"这种措施比较经济，常被采用，但在构造上必须对缝隙加以处理，满足使用和美观要求。这种将建筑物垂直分割开来的预留缝隙称为变形缝，如图 8-1 和图 8-2 所示。

变形缝有伸缩缝、沉降缝和防震缝三种。

(1)伸缩缝又叫作温度缝，是为防止因温度影响引起建筑物破坏而设置的变形缝。

(2)沉降缝是为防止因建筑物各部分不均匀沉降引起破坏而设置的变形缝。

(3)防震缝是为防止地震作用引起建筑物的破坏而设置的变形缝。

虽然各种变形缝的功能不同，但它们的构造要求基本相同，即缝的构造要保证建筑物各独立部分能自由变形，互不影响；不同部位的变形缝要根据需要分别采取防水、防火、保温、防虫等安全防护措施；高层建筑及防火要求高的建筑物，室内变形缝应做防火处理；变形缝内不应敷设电缆、可燃气体管道和易燃、可燃液体管道，必须穿过时，应在穿过处加设不燃烧材料套管，并用不燃烧材料将套管两端空隙紧密填塞。

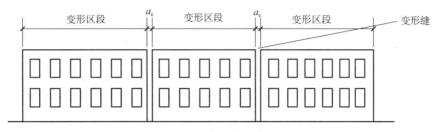

图 8-1　变形缝示意图

图 8-2　室内变形缝示意图

8.1.2　变形缝的设置原则

1. 伸缩缝

建筑物因受温度变化的影响而产生热胀冷缩，在结构内部产生温度应力而变形，这种变形与建筑物的长度有关，当建筑物长度超过一定限度、建筑平面变化较多或结构类型变化较大时，建筑物会因热胀冷缩导致变形较大，从而产生开裂。长度越大，变形越大。当变形受到约束时，就会在房屋的某些构件中产生应力，从而导致破坏。为预防这种情况发生，常常沿建筑物长度方向每隔一定距离或在结构类型变化处预留缝隙，将建筑物地面以上部分断开。这种因温度变化而设置的垂直缝隙称为伸缩缝或温度缝。在建筑物中设置伸缩缝，使缝间建筑物的长度不超过某一限值，其变形值较小，所产生的温度应力也较小，这样就不会产生破坏。伸缩缝要求把建筑物的墙体、楼板层、屋顶等地面以上部分全部断开，基础部分因受温度变化影响较小，故不需断开。

伸缩缝的最大间距应根据不同结构的材料而定，具体规定详见有关结构规范。砌体建筑伸缩缝的最大间距见表 8-1；钢筋混凝土结构建筑的伸缩缝最大间距见表 8-2。

另外，也可采用附加应力钢筋来加强建筑物的整体性，以抵抗可能产生的温度应力，使建筑物少设缝和不设缝，但这需要经过计算确定。

表 8-1　砌体建筑伸缩缝的最大间距　　　　　　　　　　　　　　　　　　　　　m

砌体类别	屋顶或楼板屋的类别		间距
各种砌体	整体式或装配式钢筋混凝土结构	有保温层或隔热层的屋顶、楼板层	50
		无保温层或隔热层的屋顶	40
	装配式无檩体系钢筋混凝土结构	有保温层或隔热层的屋顶	60
		无保温层或隔热层的屋顶	50
	装配式有檩体系钢筋混凝土结构	有保温层或隔热层的屋顶	75
		无保温层或隔热层的屋顶	60
烧结普通砖、空心砖	烧结瓦或石棉水泥瓦屋顶 木屋顶或楼板层 砖石屋顶或楼板层		90
石砌体			80
硅酸盐、混凝土砌块砌体			75

注：1. 层高大于 5 m 混合结构单层房屋，其伸缩缝间距可按照表中值乘以 1.3 采用；但是当墙体采用硅酸盐砖、硅酸盐砌块和混凝土砌块时，不大于 75 m。

2. 温差较大且变化频繁的地区和严寒地区不采暖的房屋及构筑物墙体的伸缩缝最大间距，应按表中数值予以适当减少后采用

表 8-2　钢筋混凝土结构伸缩缝的最大距离　　　　　　　　　　　　　　　　　m

项次	结构类型		室内或土中	露天
1	排架结构	装配式	100	70
2	框架结构	装配式	75	50
		现浇式	55	35
3	剪力墙结构	装配式	65	40
		现浇式	45	30
4	挡土墙及地下室墙壁等类结构	装配式	40	30
		现浇式	30	20

注：1. 如有充分依据或可靠措施，表中数值可以增减。

2. 当屋面板上部无保温或隔热措施时，框架、剪力墙结构的伸缩缝间距可以按照表中"露天"栏的数值选用，排架结构可按适当低于"室内或土中"栏的数值选用。

3. 当排架结构的柱顶面（从基础顶面算起）低于 8 m 时，宜适当减少伸缩缝间距。

4. 外墙装配内墙现浇的剪力墙结构，其伸缩缝的最大间距按"现浇式"一栏的数值选用。滑模施工的剪力墙结构，宜适当减少伸缩缝间距。现浇墙体在施工中应采取措施减少混凝土收缩应力

2. 沉降缝

沉降缝是为了预防建筑物各部分由于不均匀沉降引起的破坏而设置的变形缝。建筑物因不均匀沉降造成某些薄弱部位产生错动开裂，为了防止建筑物无规则的开裂，必须设置沉降缝。设置沉降缝时，必须将建筑物的基础、墙体、楼板层和屋顶等部分全部断开。沉降缝是在建筑物适当位置设置的垂直缝隙，把房屋划分为若干个刚度较一致的单元，使相邻单元可以自由沉降，而不影响建筑物整体。

在工程设计时，应尽可能通过合理的选址、地基处理、建筑体型的优化、结构选型和计算方法的调整及施工程序上的配合（如高层建筑与裙房之间采用后浇带的办法）来避免或克服不均匀沉降，从而达到不设或尽量少设沉降缝的目的。

设置沉降缝的原则（图 8-3）如下。

(1)同一建筑物相邻部分的高度相差较大或荷载大小相差悬殊及结构形式变化之处,易导致地基沉降不均匀时,如图 8-3(a)所示。

(2)当建筑物各部分相邻基础的形式、宽度及埋置深度相差较大,造成基础底部压力有很大差异,易形成不均匀沉降时,如图 8-3(a)所示。

(3)当建筑物建造在不同地基上,且难于保证均匀沉降时。

(4)建筑物体形比较复杂,连接部位又比较薄弱时,如图 8-3(b)所示。

(5)建筑物长度较大时。

(6)新建建筑物与原有建筑物紧相毗连时,如图 8-3(c)所示。

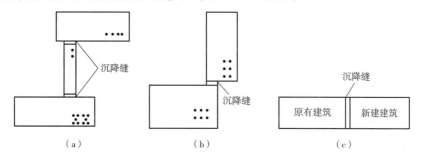

图 8-3　沉降缝的设置部位

(a)高度相差较大；(b)体形比较复杂且连接部位薄弱；(c)新建建筑与原有建筑物相毗连

3. 防震缝

建造在地震区的建筑物,地震时会遭到不同程度的破坏,因此必须充分考虑地震对建筑物造成的影响。为此,我国制定了相应的建筑抗震设计规范。为了避免建筑物遭到破坏应按抗震规范要求进行设计。当地震设防烈度在 6 度以下的地区发生地震时,对建筑物的影响轻微可以不进行建筑物抗震设防；当地震设防烈度为 9 度的地区发生地震时,对建筑物破坏严重,建筑物的抗震设计应按有关规定进行。对抗震设防烈度为 6～9 度地区的建筑物应按一定规定设置防震缝,即将其划分为若干个形体简单,质量、刚度均匀的独立单元,以防震害。建筑物的防震和抗震通常可从设置防震缝和对建筑物进行抗震加固两方面考虑。

在地震抗震设防烈度为 7～9 度的地区,有下列情况之一时,建筑物须设防震缝。

(1)房屋立面高差在 6 m 以上。

(2)房屋有错层,且楼板高差较大。

(3)房屋相邻各部分结构刚度、质量截然不同。

防震缝的缝宽一般采用 50～70 mm,缝两侧均须设置墙体,以加强防震缝两侧房屋的刚度。对多层和高层钢筋混凝土结构房屋,应尽量选用合理的建筑结构方案,当必须设置防震缝时,其最小宽度应该符合下列要求。

防震缝的宽度与房屋高度和抗震设防烈度有关,防震缝宽度见表 8-3。

表 8-3　防震缝宽度表格

建筑物高度/m	抗震设防烈度	防震缝宽度/mm	
$H \leqslant 15$	对不同的抗震设防烈度	多层砖结构房屋	50～70
		多层钢筋混凝土房屋	70
$H > 15$	6	房屋高度每增高 5 m	在 70 的基础上增加 20
	7	房屋高度每增高 4 m	
	8	房屋高度每增高 3 m	
	9	房屋高度每增高 2 m	

防震缝应沿建筑物全高设置，缝的两侧应布置双墙、双柱或一墙一柱，使各部分结构有较好的刚度。

防震缝应与伸缩缝、沉降缝协调布置，相邻上部结构完全断开，并留有足够的缝隙，以保证在水平方向地震波的影响下，房屋相邻部分不致因碰撞而造成破坏。一般情况下，防震缝在基础部位可不断开，但如果与沉降缝合并设置时，基础部分必须断开。

8.2 变形缝的构造

8.2.1 伸缩缝的构造

伸缩缝是将基础以上的建筑构建全部断开，以保证伸缩缝两侧的建筑构建能够在水平方向自由伸缩。伸缩缝的缝宽一般为 20～40 mm。

变形缝的构造

1. 墙体伸缩缝的构造

墙体在伸缩缝处断开，为了避免风、雨对室内的影响和避免缝隙过多的传热，伸缩缝根据墙体的材料、厚度及施工条件，可做成平缝、错口缝、企口缝等形式(图 8-4)。

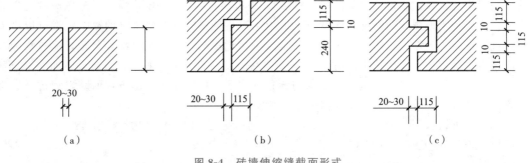

图 8-4 砖墙伸缩缝截面形式
(a)平缝；(b)错口缝；(c)企口缝

为了防止外界自然条件对墙体及室内环境的侵袭，伸缩缝外墙一侧通常用具有防水、保温和防腐性能的弹性材料填塞，如沥青麻丝、木丝板、泡沫塑料条、橡胶条、油膏等，当缝隙较宽时，缝口可用镀锌薄钢板、彩色薄钢板、铝皮等金属调节片做盖缝处理，如图 8-5(a)所示；内墙可用具有一定装饰效果的金属片、塑料片或墓盖缝条覆盖，如图 8-5(b)所示。

2. 楼地板层伸缩缝构造

楼地板层变形缝的位置和宽度尺寸大小应与墙体、屋顶伸缩缝相对应，缝内也要用弹性材料做封缝处理，上面铺活动盖板或橡胶、塑胶地板等地面材料，以满足地面平整、光洁、防滑、防水及防尘等要求，如图 8-6 所示。顶棚的盖缝条在构造上应既能保证顶棚美观，又能使缝两侧的构件自由伸缩。变形缝一般贯通楼地面各层，面层和顶棚加设不妨碍构件之间变形需要的盖缝板，盖缝板的形式和色彩应与室内装修协调。

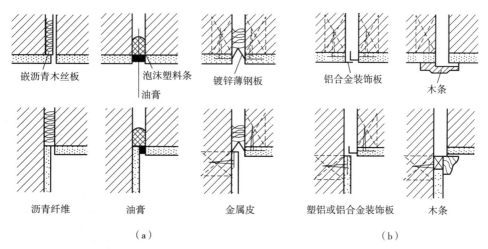

嵌沥青木丝板　　泡沫塑料条　　镀锌薄钢板　　铝合金装饰板　　木条
油膏

沥青纤维　　油膏　　金属皮　　塑铝或铝合金装饰板　　木条

（a）　　　　　　　　　　　　　　　　（b）

图 8-5　砖墙伸缩缝构造

（a）外墙伸缩缝构造；（b）内墙伸缩缝构造

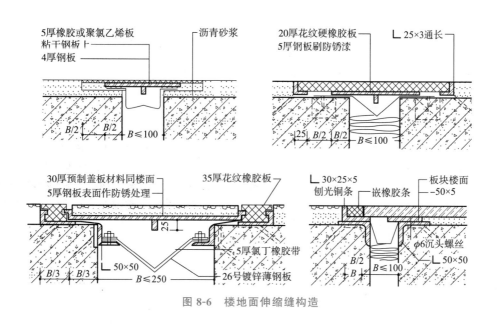

5厚橡胶或聚氯乙烯板　　沥青砂浆
粘干钢板上
4厚钢板

20厚花纹硬橡胶板　　∟25×3通长
5厚钢板刷防锈漆

$B/2$　$B/2$　$B \leqslant 100$

25　$B/2$　$B/2$　$B \leqslant 100$

30厚预制盖板材料同楼面　　35厚花纹橡胶板
5厚钢板表面作防锈处理

∟30×25×5　　板块楼面
刨光铜条　　嵌橡胶条　　−50×5

$50×50$　$B \leqslant 250$　　5厚氯丁橡胶带　　26号镀锌薄钢板

$B/2$　$B \leqslant 100$　　$\phi6$沉头螺丝　　∟50×50

$B/3$　$B/3$

图 8-6　楼地面伸缩缝构造

3. 屋顶伸缩缝的构造

屋顶伸缩缝的位置和尺寸大小应与墙体、楼地板层的伸缩缝相对应。屋顶伸缩缝的位置有两种情况：一种是伸缩缝两侧屋面的标高相同；另一种是伸缩缝两侧屋面的标高不同［图 8-7（a）］。当伸缩缝两侧屋面的标高相同时，上人屋面和不上人屋面伸缩缝的做法是不同的。如为上人屋面，须用嵌缝油膏嵌缝，并做好泛水处理；如为不上人屋面，则一般在伸缩缝的两侧各砌半砖厚的小墙，按泛水构造处理，在小墙上面加设钢筋混凝土盖板或镀锌薄钢板盖板盖缝并做好防水处理［图 8-7（b）］。不上人屋面变形缝，一般是在伸缩缝两侧各砌半砖厚矮墙，并做好屋面防水和泛水构造处理，矮墙顶部用镀锌薄钢板或混凝土盖板。上人屋面为便于行走，伸缩缝两侧一般不砌小矮墙［图 8-7（c）］，此时应切实做好屋面防水，避免雨水渗漏。

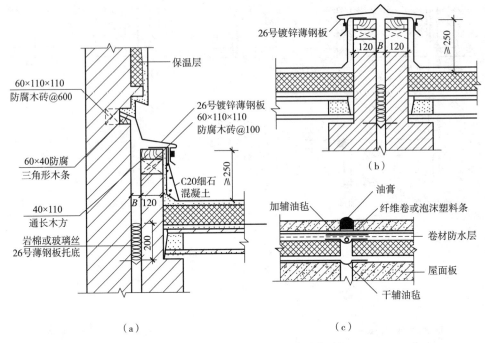

図中标注：

保温层

60×110×110
防腐木砖@600

26号镀锌薄钢板
60×110×110
防腐木砖@100

60×40防腐
三角形木条

C20细石
混凝土

40×110
通长木方

岩棉或玻璃丝
26号薄钢板托底

（a）

26号镀锌薄钢板

120　B　120　　≥250

（b）

加辅油毡　　油膏
纤维卷或泡沫塑料条
卷材防水层
屋面板
干辅油毡

（c）

图 8-7　卷材防水屋顶伸缩缝的构造

8.2.2　沉降缝的构造

墙体沉降缝一般兼伸缩缝的作用，其构造与伸缩缝构造基本相同。但沉降缝要保证缝两侧的墙体能自由沉降，因此盖缝的金属调节片必须保证水平方向和垂直方向均能自由变形［图 8-8(a)］。基础必须设置沉降缝，以保证缝两侧能自由沉降。屋顶沉降缝处的金属调节盖缝皮或其他构件应考虑沉降变形与维修余地，如图 8-8(b)所示。沉降缝的宽度随地基情况和建筑物高度的不同而不同，见表 8-4。

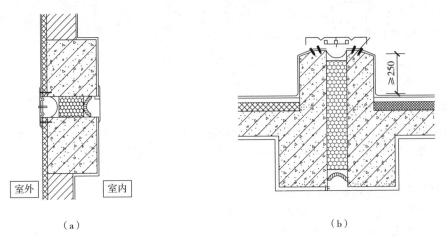

室外　　室内

（a）

≥250

（b）

图 8-8　沉降缝构造

(a)墙体沉降缝的构造；(b)屋顶沉降缝的构造

表 8-4 沉降缝的宽度

地基情况	建筑物高度/m	沉降缝宽度/mm
一般地基	$H<5$	30
	$H=5\sim9$	50
	$H=9\sim15$	70
软弱地基	2～3 层	50～80
	4～5 层	80～120
	5 层以上	>120
湿陷性黄土地基	—	≥30～70

基础沉降缝的常见构造处理方案有双墙式、挑梁式和交叉式(图 8-9)三种。

1. 双墙式偏心基础

双墙式偏心基础的整体刚度大，处理方案施工简单，造价低，但基础偏心受压，并在沉降时产生一定的挤压力，易出现两墙之间间距较大或基础偏心受压的情况，因此常用于基础荷载较小的低层房屋、耐久年限短且地质条件较好的情况，如图 8-9(a)所示。

2. 挑梁式基础

挑梁式基础处理方案是将沉降缝一侧的墙和基础按一般构造做法处理，而另一侧则采用挑梁支承基础梁，基础梁上支承轻质墙的做法。此方案能使沉降缝两侧基础分开较大的距离，相互影响较小。当沉降缝两侧基础埋深相差较大或新建建筑物与原有建筑物毗连时，宜采用挑梁方案，如图 8-9(b)所示。

3. 交叉式基础

交叉式基础处理方案是将沉降缝两侧的基础均做成墙下独立基础，交叉设置，在各自的基础上设置基础梁以支承墙体，两侧基础各自独立沉降，互不影响。这种做法使地基受力明确，效果较好，但施工难度大，工程造价也较高，如图 8-9(c)所示。

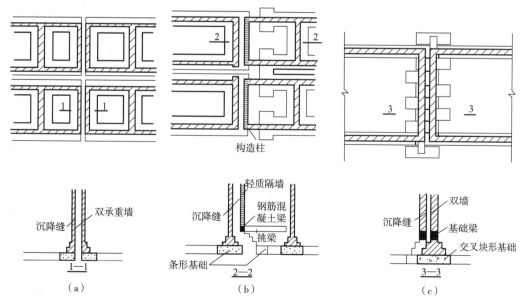

图 8-9 基础沉降缝处理的示意图

(a)双墙式偏心基础沉降缝；(b)挑梁式基础沉降缝；(c)交叉式基础沉降缝

8.2.3　防震缝的构造

防震缝的构造及要求与伸缩缝、沉降缝构造基本相同，但墙体不能做成错口缝和企口缝。考虑防震缝宽度较大，构造上更应注意盖缝条的牢固、防风、防雨等，寒冷地区的外缝口还须用具有弹性的软质聚氯乙烯泡沫塑料、聚苯乙烯泡沫塑料等保温材料填实(图 8-10)。

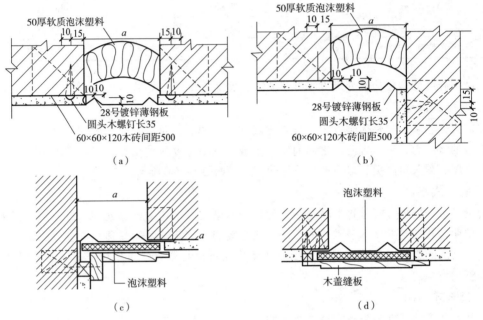

图 8-10　墙体抗震缝的构造

(a)外墙平缝处；(b)外墙转角处；(c)内墙转角；(d)内墙平缝

模块小结

变形缝是指为防止建筑物在外界因素作用下(气温变化、地基不均匀沉降、地震)结构内部产生附加应力和变形，导致建筑物开裂、碰撞甚至破坏而预留的人工构造缝。

变形缝按使用性质不同分为伸缩缝、沉降缝和防震缝三种类型。

伸缩缝是将建筑物的墙体、楼地板层、屋顶等地面以上部分全部断开，基础部分因受温度变化影响较小，故不必断开。

沉降缝是在建筑物适当位置设置的垂直缝，将建筑物的基础、墙体、楼地板层和屋顶等部分全部断开，把房屋划分为若干刚度较一致的单元，使相邻单元可以自由沉降，而不影响建筑物的整体。

防震缝应沿建筑物全高设置，与伸缩缝、沉降缝协调布置，相邻上部结构完全断开，并留有足够的缝隙，一般情况下，防震缝基础可不断开，但如与沉降缝合并设置时，基础必须断开。因防震缝较宽，在进行构造处理时应充分考虑盖缝条的牢固性、防风和防水的要求及适应变形的能力。

一、填空题

1. 变形缝有三种：_____、_____和_____。

2. 沉降缝在基础处的处理方案有_____和_____两种。

3. 伸缩缝也称为_____缝。

4. 伸缩缝要求从建筑物_____至_____全部断开。

5. 伸缩缝的缝宽一般为_____；沉降缝的缝宽一般为_____；防震缝的缝宽一般取_____。

6. 防震缝应与_____和_____统一布置。

二、选择题

1. 伸缩缝是为了预防（　　）对建筑物的不利影响而设置的。

    A. 温度变化   B. 地基不均匀沉降

    C. 地震   D. 建筑平面过于复杂

2. 沉降缝的构造做法中要求基础（　　）。

    A. 断开   B. 不断开

    C. 可断开也可不断开   D. 无所谓

3. 在地震区设置伸缩缝时，必须满足（　　）的设置要求。

    A. 防震缝   B. 沉降缝

    C. 伸缩缝   D. 变形缝

4. 伸缩缝的宽度一般为（　　）mm。

    A. 20～30   B. 30～50

    C. 50～70   D. 70～100

5. 沉降缝是为了预防（　　）对建筑物的不利影响而设置的人工构造缝。

    A. 温度变化   B. 地基不均匀沉降

    C. 地震   D. 荷载过大

三、简答题

1. 什么情况下需要设置伸缩缝？伸缩缝的缝宽一般取多少？

2. 什么情况下需要设置沉降缝？其缝隙宽度有何要求？

3. 什么是防震缝？建筑物哪些情况需要设置沉降缝？

4. 伸缩缝在墙体、楼地板层和屋面板等处如何进行盖缝处理？

5. 伸缩缝、沉降缝及防震缝各有什么特点？它们在构造上有何异同？

模块 9　建筑节能

【知识目标】
1. 了解建筑气候分区、节能建筑和低能耗建筑的概念。
2. 了解建筑围护结构在建筑节能方面的要求。
3. 熟悉建筑保温材料的特性和围护结构的传热特点。
4. 掌握屋面保温隔热的构造形式和技术要求。

【能力目标】
1. 能够识读建筑保温构造图。
2. 能够绘制不同部位的保温建筑构造做法。

【素养目标】
1. 倡导绿色、低碳、节能意识。
2. 弘扬古建筑传统文化。

9.1　认识节能建筑和保温材料

9.1.1　节能建筑和低能耗建筑

在我国大力推动实现"双碳"的目标背景下,节能成为建筑设计和建造的核心要素之一。我国领土广阔、气候差异大,不同建筑气候区域(严寒地区、寒冷地区、夏热冬冷地区、夏热冬暖地区、温和地区)下的建筑节能要求不同。例如,部分地区建筑节能设计满足保温要求,部分地区满足隔热要求,部分地区建筑节能设计应满足保温兼顾隔热要求。外墙、屋面、外门窗等建筑围护结构把室内外环境分隔开,建筑围护结构性能应具有抵御室外高低气温、气温波动和太阳辐射等综合作用的能力,所以在建筑节能设计中应考虑保温、隔热构造要求。

节能建筑是指遵循气候设计和节能的基本方法,对建筑规划分区、群体和单体、建筑朝向、间距、太阳辐射、风向、外部空间环境进行研究后,设计出的低能耗建筑。节能建筑应与所处地区的气候环境相适应。室外的热环境受地理位置、太阳辐射、建筑密度、风速、降水和建筑体形系数等因素影响,而室内的热环境受室内气温、湿度、密闭性能及壁面热辐射等因素影响。根据有关数据调查显示,建筑室内舒适性适宜的环境为夏季温度不宜超过 28℃,冬季温度不宜低于 16℃,相对湿度在 60% 左右,以及有足够的新风(图 9-1)。

节能建筑相比于传统建筑,在设计时应充分考虑以下几个方面。
(1)建筑的环境,包括地形、地貌、绿化、水体、环境小品等。
(2)建筑的朝向,包括出入口、建筑群布局、建筑间距等。
(3)建筑的体型,包括体型系数、空间利用、构架与飘板等。
(4)建筑的面积,包括内部空间布局,并兼顾窗墙比和开窗通风面积等。
(5)建筑的物理环境,包括声、光、热、日照与通风等,尽量采用自然采光与通风。

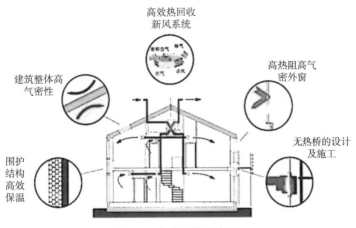

图 9-1　节能建筑示意图

（6）建筑的节水，包括选择节水型器具和中水利用。

（7）建筑的节地，包括改变房间进深、缩小面宽、选择适合的建筑层数。

（8）建筑的可再生资源利用。

在全球气候变暖的背景下，人类重视二氧化碳排放控制，建筑建造和运行碳排放增长速度加快，低能耗建筑逐步被各国政府关注。低碳建筑是指在建筑生命周期内，从规划、设计、施工、运营、拆除到回收利用等各个阶段，通过减少碳源及增加碳汇等方式实现建筑生命周期碳排放性能优化的建筑。20 世纪 90 年代，德国首次提出"低能耗建筑"理念，明确了建筑的能耗指标。低碳节能建筑是全球建筑行业发展的方向。2010 年，在上海世博会建成"汉堡之家"项目，该项目每年每平方米仅消耗 50 kW 能量，建筑节能率达到 90% 以上。自 2010 年后，我国启动了超低能耗建筑的关键性技术研究和开展示范项目。2019 年，我国正式颁布《近零能耗建筑技术标准》（GB/T 51350—2019），《近零能耗建筑技术标准》（GB/T 51350—2019）中将低能耗建筑划分成三种类型（表 9-1）。

表 9-1　我国低能耗建筑划分类型

序号	类型	能耗要求
1	超低能耗建筑	相比相关节能标准降低 50% 以上
2	近零能耗建筑	相比相关节能标准降低 70% 以上
3	零能耗建筑	可再生能源年产能≥建筑全年全部用能

9.1.2　建筑围护结构

室外气候通过建筑围护结构对室内热湿环境产生影响，因此建筑围护结构应有抵御室外高低气温、气温波动和太阳辐射等综合作用的能力。建筑围护结构就是对建筑物内部和外部进行分隔，以及将建筑内部各个空间分隔起来的部件的统称。建筑围护结构分为透光围护结构和不透光围护结构两大类，透光围护结构包括窗户、天窗、玻璃幕墙等部位，不透光围护结构包括墙体、楼板、屋面等部位。

1. 不透光围护结构

不透光围护结构的热传递主要以导热为主，围护结构的表面和周围空气之间存在对流转换。建筑材料的性能决定了建筑的保温隔热效果，不透光围护结构中各种组成材料的导热系数或热阻应满足限值要求。

节能建筑主要依靠围护结构材料和保温材料形成一定保温构造层，从而达到保温隔热的目的。想要进一步降低围护结构的传热系数，保温构造形式、材料的热工性能和材料的厚度起着决定性作用。例如，外墙外保温采用聚苯板和玻化微珠保温砂浆所达到的节能效果是不一样的，同种保温材料在不同厚度或构造形式下的传热系数也是不同的(图9-2)。

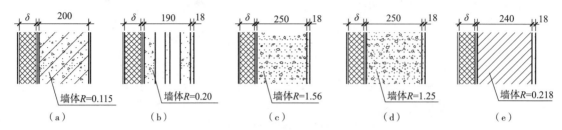

图9-2　不同建筑墙体的热工性能比较(R 为热阻)

(a)钢筋混凝土墙；(b)混凝土空心砌块；(c)加气混凝土板材；(d)加气混凝土砌块；(e)灰砂砖墙

2. 透光围护结构

透光围护结构的热传递以辐射、导热为主，围护结构的表面和周围空气之间存在对流转换。所以，外门窗是建筑围护结构中热工性能最薄弱的部位。透光围护结构节能的关键是提升门窗框材料和玻璃的热工性能，以及需要考虑透光围护结构的气密性能、可见光透射比、窗地面积比和有效通风面积等影响因素(图9-3)。透光围护结构受到太阳辐射影响而造成室内得热，又会受到外表面低温对流影响而造成室内热损失，所以，不同季节的建筑透光围护结构的太阳得热系数是不相同的。太阳得热系数($SHGC$)是指在照射时间内，透过透光围护结构部件直接进入室内的太阳辐射量与透光围护结构外表面接收到的太阳辐射量的比值。

图9-3　严寒地区建筑双层外窗

3. 热桥

在建筑外围护结构中，热桥常出现在外墙和屋顶、外墙和楼板、外窗周边、外墙和内墙等交接位置(图9-4)，热桥部位是建筑围护结构保温隔热的薄弱环节。热桥部位容易造成建筑室内环境的热损失，以及增加建筑室内的供暖和空调能耗。

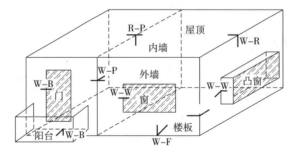

图9-4　建筑外围护结构的结构性热桥示意

4. 建筑外遮阳

我国南方地区建筑，在太阳一定照射角度范围内的外窗应设置挡板式遮阳或可以遮住窗户正面的活动外遮阳，建筑南向的外窗宜设置水平遮阳或可以遮住窗户正面的活动外遮阳。建筑外遮阳的主要形式有水平式遮阳、垂直式遮阳、混合式遮阳和挡板式遮阳(图 9-5)。

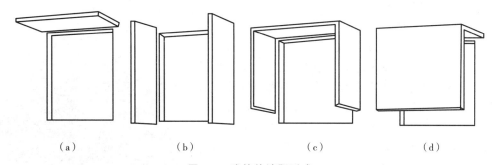

（a） （b） （c） （d）

图 9-5 建筑外遮阳形式

(a)水平式遮阳；(b)垂直式遮阳；(c)混合式遮阳；(d)挡板式遮阳

9.1.3 保温材料概述

保温材料一般是指温度不高于 350℃时，导热系数不大于 0.12 W/(m·K)的材料。保温材料的选择对建筑围护结构节能有决定性影响，保温性能以密度、导热系数或热阻为主要指标，根据设计要求还需满足抗拉强度、压缩强度、燃烧性能和吸水率等其他性能。当今保温材料种类丰富、形式多样，质轻、薄层、隔气、耐用等一体化产品出现，实现了建筑节能功效提升及成本的降低。

1. 按材料成分分类

(1)有机保温材料。有机类保温材料是指以有机高分子材料为主要成分，添加一定的填料、助剂、改性剂等制成的保温材料，代表性材料有聚氨酯(PU)、聚苯板(EPS)、挤塑板(XPS)(图 9-6)、酚醛泡沫等。有机保温材料具有密度小、吸水率低、强度高、导热系数低、工程造价低等优点，但是存在阻燃性能差、环保性差、耐候性差等缺点。有机保温材料由于保温性能好，在我国建筑中使用较为广泛。

(2)无机保温材料。无机保温材料是指以矿物质或非金属物质为原料，经过化学反应或物理加工得到的一类保温材料，代表材料有玻化微珠(图 9-7)、岩棉、泡沫玻璃、膨胀珍珠岩、玻璃棉、加气混凝土砌块等。无机保温材料具有防火、施工方便、黏结性能好、耐腐蚀、耐候性能好等优点，但是存在吸水率大、质量大、生产成本高、导热系数大等缺点。无机保温材料的导热系数大多在 0.05 W/(m·K)以上，相比于有机保温材料的导热系数大。

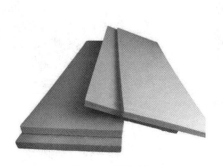

图 9-6 挤塑板

图 9-7 玻化微珠

(3)复合保温材料。复合保温材料是将有机材料和无机材料结合而成的复合材料，既发挥了二者的优点，又克服了部分的缺点，代表材料有石墨聚苯复合板(图9-8)、聚氨酯岩棉复合板、纸面石膏挤塑板等，主要缺点是生产成本高。

2. 按材料形状分类

(1)浆料类保温材料。浆料类保温材料是由胶粉料与聚苯颗粒或其他保温轻骨料组配，使用时按比例加水搅拌混合而成的浆料。浆料类保温材料主要用于外墙、隔墙、分户墙、屋面和建筑细部节点的保温隔热，代表材料有聚苯颗粒保温浆料、玻化微珠保温浆料、膨胀珍珠岩保温浆料等。浆料类保温材料的优点是防火防冻、施工方便、成本低、耐久性好等；最主要的缺点是吸水率高、体积收缩大、保温性能差、强度低、施工质量不稳定等。

图9-8　石墨聚苯复合板

(2)板材类保温材料。板材类保温材料也常称为保温板，以挤塑保温板为例，挤塑保温板主要以聚苯乙烯树脂等为原材料，添加了聚合物等材料组合制造而成，通过加热混合加入催化剂，然后挤塑压出成型的硬质塑料板。代表材料有聚苯板、聚氨酯板、岩棉板、泡沫玻璃板、酚醛树脂板等。板材类保温材料主要用于墙体和屋面的保温隔热，需要利用胶粘剂或锚栓将板材固定在建筑围护结构表面形成保温层。优点是保温性能好、可加工性好、强度高等；缺点是整体性差、连接性能不可靠、保温节点处理烦琐等。

(3)涂料类保温材料。涂料类保温材料是一种能够在建筑物表面形成保温层的涂料，它可以通过反射太阳辐射和减少热传导来提高建筑物的保温性能。代表材料有墙体保温节能腻子、纳米反射隔热涂料(图9-9)、硅酸铝复合保温涂料等。涂料类保温材料主要用于墙体、屋面保温隔热，通过喷涂和滚涂的方式在建筑围护结构表面形成保温层。优点是施工工艺简单、维修翻新方便、对结构基本不增加荷载、整体性好等；缺点是喷涂作业对环境有污染、耐候性差、受施工环境影响较大、保温性能差等。

(4)纤维类保温材料。纤维类保温材料是以矿渣、岩石或玻璃等为主要原料，将原料破碎成一定粒度后加助剂等进行配料，再入炉熔化、成棉、装包。纤维类保温材料主要用于墙体保温隔热，代表材料有玻璃棉、岩棉(图9-10)、矿棉等，需要利用胶粘剂将板材黏结在围护结构的表面从而形成保温层。因其具有大量微小的空气空隙，使其起到保温隔热、吸声降噪及安全防护等作用，是建筑保温隔热、吸声降噪的材料。优点是质轻、导热系数小，吸声性能好、不燃烧、耐腐蚀、绝缘性能好、化学性能好等；缺点是抗压强度低、吸水性大、易风化等。

图9-9　反射隔热涂料

图9-10　岩棉保温板

3. 燃烧性能要求

一般火灾起因均与保温材料引燃有关，保温材料的防火性能一直是建筑设计、施工和使用过程中的关注焦点。建筑材料及制品根据燃烧性能，分为 A 级、B_1 级、B_2 级和 B_3 级。建筑保温材料的燃烧等级应符合下列规定：建筑的内、外保温系统，宜采用燃烧性能为 A 级的保温材料，不宜采用 B_2 级保温材料，严禁采用 B_3 级保温材料（表 9-2）。

表 9-2　建筑各部位保温材料（制品）的燃烧性能要求

保温部位	建筑场所和部位 （H 为建筑高度，h 为小时）	燃烧性能
外墙外保温 （无空腔）	飞机库、老年人照料设施、人员密集、设置人员密集的建筑	A 级
	住宅建筑：$H>100$ m；其他建筑：$H>50$ m	A 级
	住宅建筑：$27m<H\leq100m$；其他建筑：24 m$<H\leq50$ m	不低于 B_1 级
外墙外保温 （有空腔）	不含设置人员密集场所的建筑：$H>24m$	A 级
	不含设置人员密集场所的建筑：$H\leq24$ m	不低于 B1 级
外墙中间保温 （无空腔复合保温结构）	保温层两侧墙体为不燃材料，厚度均≥50 mm	B_1 和 B_2 级
外墙内保温	飞机库、人员密集和火灾危险性的场所；建筑内的疏散楼梯间、避难走道、避难间（层）等部位；老年人照料设施	A 级
	对于其他场所	不低于 B_1 级
屋面保温	屋面板耐火极限$\geq1h$	不低于 B_2 级
	屋面板耐火极限$<1h$	不低于 B_1 级

当建筑的外墙外保温系统按规定采用燃烧性能为 B_1、B_2 级的保温材料时，应每层设置高度不应小于 300 mm 的水平防火隔离带，墙面防火隔离带设置如图 9-11 所示；当建筑的屋面和外墙外保温系统均未采用 A 级保温材料时，屋面与外墙之间应设置宽度不小于 500 mm 的防火隔离带。防火隔离带材料的燃烧性能应为 A 级。

9.2　墙体保温隔热

20 世纪我国的居住建筑，多以砖木和砖混的结构形式为主，人民对建筑居住舒适的环境要求不高。北方采暖地区建筑大多以 370 mm 和 490 mm 厚度的实心砖墙作为外围护结构，南方非采暖地区建筑大多以 240 mm 厚度的实心砖墙作为外围护结构，而且砖墙体中的砂浆灰缝较多，实心砖墙的保温隔热性能较差。

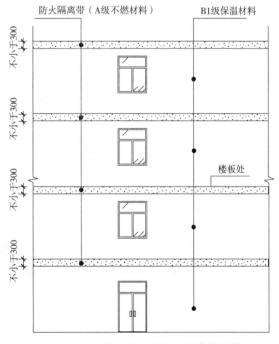

图 9-11　建筑物外立面防火隔离带设置

墙体是建筑围护结构保温隔热的重要部位，提高保温隔热性能有两种途径：一是增加墙体厚度；另一种是通过改变墙体材料和墙体两侧的保温材料的热阻和热惰性指标，以达到墙体保温隔热效果和保持墙体热稳定性。根据保温层所处的外墙不同位置，常见的外墙保温构造形式有外墙外保温、外墙中间保温（也称为夹芯保温）和外墙内保温（图9-12）；内墙（也称为分户墙）保温构造形式相对于外墙保温构造形式较为简单（图9-13）。

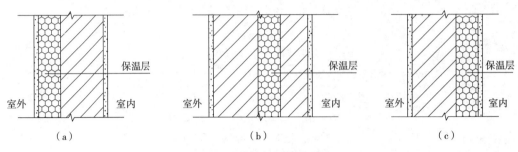

图 9-12　外墙保温构造形式

(a)外墙外保温构造；(b)外墙中间保温构造；(c)外墙内保温构造

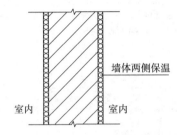

图 9-13　内墙(分户墙)保温构造形式

9.2.1　外墙外保温构造

外墙外保温系统是由保温层、防护层和固定材料构成，并固定在外墙外表面的非承重保温构造的总称。外墙外保温构造形式具有热工性能好、保温效果高、保护主体结构、减少热桥影响等优点，所以在建筑节能设计中应用广泛。在外墙外保温系统中可采用多种保温材料，来满足建筑围护结构的热工性能要求。虽然这种构造形式施工较为方便、保温效果好，但是在后期维护和翻新时，施工难度较大。

1. 外墙聚苯板薄抹灰外保温系统

聚苯保温板薄抹灰外保温系统由粘结层、保温层、抹面层和饰面层构成。粘结层材料为胶粘剂，保温层材料为聚苯保温板，抹面层材料为抹面胶浆，抹面胶浆中满铺玻纤网；饰面层材料为涂料，保温板采用胶粘剂、锚栓或两者结合固定在基层墙体上，保温板与基层墙体的有效粘贴面积不得小于保温板面积的40%。做法如图9-14所示。

聚苯保温板宽度不宜大于1 200 mm，高度不宜大于600 mm。保温板应按顺砌方式粘贴，竖缝应逐行错缝。保温板应粘贴牢固，不得有松动和空鼓，墙角处保温板应交错互锁。做法如图9-15所示。

门窗洞口四角处保温板不得拼接，应采用整块保温板切割成形，保温板接缝应离开角部至少200 mm。门窗洞口四周铺贴耐碱玻璃纤维网格布，耐碱玻璃纤维网格布翻遍包住保温板材，并做好洞口边密封处理。门窗洞口做法如图9-16、图9-17所示。

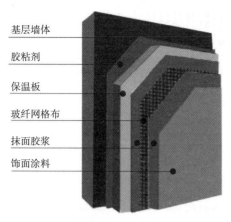

图 9-14 外墙聚苯板外保温构造做法

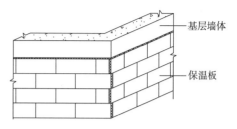

图 9-15 外墙聚苯保温板铺贴方式

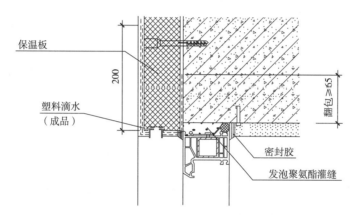

图 9-16 外墙外窗上洞口边保温构造做法

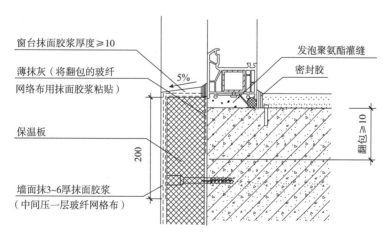

图 9-17 外墙外窗下洞口边保温构造做法

2. 外墙无机轻骨料砂浆保温系统

无机轻骨料砂浆保温是由界面层、无机轻骨料保温砂浆保温层、抗裂面层、饰面层组成的保温系统。当采用无机轻骨料砂浆保温系统进行外墙体保温施工时，保温层厚度不宜大于 30 mm。

抗裂面层由抗裂砂浆复合耐碱玻纤网格布组成，涂料饰面抗裂面层厚度不应小于3 mm，如图9-18所示。在外墙外保温涂料饰面系统的抗裂面层中，应设置抗裂分格缝，并应做好分格缝的防水设计。

3. EPS板现浇混凝土外保温系统

EPS板现浇混凝土外保温系统应以现浇混凝土外墙作为基层墙体，如图9-19所示，EPS板作为保温层，EPS板内表面（与现浇混凝土接触的表面）开有凹槽，内外表面均应满涂界面砂浆。施工时应将EPS板置于外模板内侧，并安装辅助固定件，如图9-20所示。EPS板表面应做抹面胶浆抹面层，抹面层中满铺玻纤网，饰面层可为涂料或饰面砂浆。

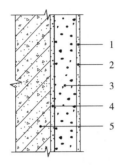

图9-18　外墙无机轻骨料砂浆保温构造做法

1—耐碱玻纤网格布；2—聚合物抗裂砂浆；

3—无机轻骨料保温层；4—界面砂浆；5—基层墙体

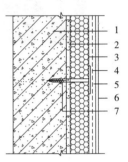

图9-19　EPS板现浇混凝土外保温构造做法

1—基层；2—胶粘剂；3—EPS板；4—耐碱玻纤网格布；

5—薄抹面层；6—饰面涂层；7—锚栓

图9-20　保温锚栓

4. 现浇混凝土免拆模板保温系统

现浇混凝土免拆模板保温系统是以免拆模板作为混凝土浇筑时的模板，通过连接件将免拆模板与现浇混凝土牢固浇筑在一起形成的无空腔保温系统。免拆模板是在工厂预制成型，以不燃型复合保温材料为保温芯材，芯材表面涂覆增强网增强的聚合物砂浆为黏结界面层，兼具保温和模板功能的板材。

免拆模板复合墙体制作，在外侧安装保温免拆模板，内部浇筑混凝土形成的墙体，现浇墙体与保温免拆模板采用专用锚固件连接，如图9-21所示。此类保温墙体种类较多，如不燃型复合EPS免拆模板复合墙体、聚氨酯免拆模板复合墙体、矿棉（MF）保温免拆模板复合墙体、玻化微珠免拆保温模板复合墙体等。外保温免拆模板复

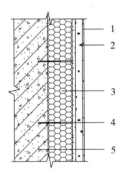

图9-21　现浇混凝土免拆模板保温构造做法

1—面砖或涂料饰面；2—防水找平层；

3—免拆模板；4—连接件；

5—现浇混凝土结构层

合墙体将保温与结构一体化，具有保温隔热效果好、施工质量稳定、节省施工工期等特点。

9.2.2　外墙中间保温构造

外墙中间保温构造（夹芯保温）形式是将保温材料置于外墙的内、外侧墙片之间，内、外侧墙片可使用现浇混凝土、混凝土空心砌块、烧结空心砖、加气混凝土砌块等材料，保温材料可以采用聚氨酯、岩棉、挤塑板等保温板材，中间用拉筋或保温螺栓进行固定。中间保温层施工形式多样化，在现场施工时，保温层两侧可现浇混凝土，也可用砌块砌筑，还可以采用预制钢筋混凝土夹芯（XPS）外墙板，如图9-22～图9-26所示。

图9-22　加气混凝土砌块和砖墙中间岩棉夹芯保温构造　　图9-23　装配式钢筋混凝土夹芯保温外墙板构造

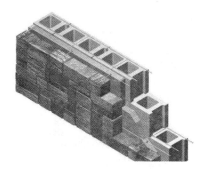

图9-24　空心砌块与石材　　　　图9-25　两侧砖墙内侧双层　　　　图9-26　两侧多孔砖中间

内夹芯保温构造　　　　　　　聚氨酯板构造　　　　　　　　喷涂聚氨酯构造

外墙中间保温构造适用于多数地区的住宅、别墅等建筑物，特别适合寒冷冬季和炎热夏季使用。在冬季，该结构能够保证室内温度舒适，并且减少供暖费用；在夏季，该结构能够隔绝室外高温，保持室内凉爽，减轻制冷负荷，节能效果较显著。

外墙中间保温构造的特点如下。

（1）保温材料在夹层中起到隔热作用，能够有效地减少建筑墙体对室内温度的影响。

（2）杜绝了传统做法容易产生裂纹的情况，避免了保温层脱落的隐患。

（3）该构造形式施工简单，不需要特殊的施工技术和材料，保温板材接缝处理简单。

（4）耐火等级高，两侧墙体材料为不燃材料，杜绝了有机保温材料的火灾隐患。

9.2.3　墙体内保温构造

墙体内保温构造形式是将保温层设置于外墙墙体的内侧面，或内墙的两侧表面。利用墙体材料和外装饰面层阻隔外界的空气和雨水，保温材料对室内环境起到保温隔热的作用。内保温工程各组成部分应具有物理—化学稳定性。所有组成材料应彼此相容，并应具有防腐性。在可能受到生物侵害时，内保温工程应具有防生物侵害性能。

常见的墙体内保温材料包括有机保温板（EPS 板、XPS 板、PU 板等）、无机保温板（纸蜂窝填充憎水膨胀珍珠岩、岩棉板等）、复合板（保温板＋面板）（图 9-27）、保温砂浆（胶粉聚苯颗粒、玻化微珠砂浆）、喷涂硬泡聚氨酯、岩棉（玻璃棉）龙骨固定等。复合板中面板材料多为纸面石膏板、无石棉硅钙板、无石棉纤维水泥平板等。保温板、复合板与基层墙体的粘结，可采用胶粘剂或粘接石膏，再用保温锚栓固定。当用于厨房、卫生间等潮湿环境或饰面层为面砖时，应采用胶粘剂。如内保温为有机保温材料，应采用不燃材料或难燃材料做防护层，防护层厚度不应小于 6 mm。

内保温工程宜在墙体易裂部位及与屋面板、楼板交接部位采取抗裂构造措施：楼板与外墙、外墙与内墙交接的阴阳角处应粘贴一层不少于 300 mm 宽的玻璃纤维网格布，且阴阳角的两侧边宽度不少于 150 mm；门窗洞口等处的玻璃纤维网布应翻折满包内口；在门窗洞口、电器盒四周对角线方向，应斜向加铺不小于 400 mm×200 mm 的玻璃纤维网布（图 9-28）。保温板材或保温砂浆的饰面层的增强材料宜采用耐碱玻璃纤维网布。

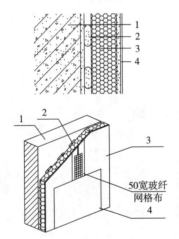

图 9-27　墙体复合板内保温构造做法

1—基层墙体；2—粘接层（胶粘剂、粘接石膏＋锚栓）；

3—复合板（保温层＋面板）；

4—饰面层（腻子＋涂料、墙纸或面砖）

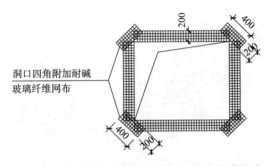

洞口四角附加耐碱玻璃纤维网布

图 9-28　洞口四角附加耐碱玻纤网格布加强处理

9.2.4　三种墙体保温构造比较

在严寒和寒冷地区，如建筑墙体围护结构的单一保温构造做法无法满足要求时，可考虑采用外墙外保温与外墙内保温的复合保温构造做法。这种墙体复合保温构造，既可以避免各自保温构造上的热工缺陷，又能达到理想的适应性要求。对外墙不同保温层位置进行综合性能分析，各自的利弊对比见表 9-3。

表 9-3　不同外墙保温构造形式综合性能分析

构造形式	优点	缺点
外保温	保温性能好,室内温度波动小;保护外墙墙体,延长建筑物的使用寿命;后期改造对住户影响不大;可以避免二次装修造成的破坏;不容易形成冷热桥	受气候影响易老化;施工技术的要求高;需采取防止脱落的有效措施;有机保温材料防火性能较差
中间保温（夹芯保温）	保温效果好;能充分发挥墙体对外界的防护作用,利于二次装修;保温层不受气候影响;耐火性能好	墙体的整体性和抗震性能差;后期改造困难;墙体占用空间较大;楼板接缝处易形成冷热桥;墙体密闭性差,在热桥作用下内部易形成空气对流
内保温	施工方便和使用安全;对保温材料不受气候环境的影响;结构处理简单,不影响外墙外装饰;施工成本低	热稳定性不好;存在热桥问题,墙体内表面易结露;外墙主体结构易产生裂缝;不利于用户二次装修;占用建筑内的使用面积

9.3　建筑的可再生资源利用

9.3.1　建筑可再生资源利用的意义

随着全球环境问题的日益严重和资源供给的紧张,可再生资源在建筑领域的应用逐渐受到广泛关注。可再生资源的有效利用不仅有助于缓解当前资源紧张的局面,还能促进建筑行业的可持续发展。建筑可再生资源利用具有广阔的发展前景,将在未来的建筑领域发挥越来越重要的作用。建筑可再生资源利用的意义主要体现在以下几个方面。

1. 促进行业可持续发展

可再生资源的利用是建筑行业实现可持续发展的重要手段。通过利用太阳能、风能、地热能等可再生能源,建筑可以降低对传统能源的依赖,减少能源消耗和碳排放,从而降低对环境的负面影响。同时,可再生资源的循环使用也符合可持续发展的理念,有助于推动建筑行业向更加环保、高效的方向发展。

2. 节能减排降成本

可再生资源的利用有助于实现建筑的节能减排,进而降低运营成本。例如,利用太阳能进行热水供应和光伏发电,可以减少对传统能源的依赖,通过风能发电和建筑自然通风设计,可以降低电力消耗和通风设备的运行成本。这些举措不仅有助于降低建筑的运行成本,还能提高建筑的能源利用效率,实现经济效益和环境效益的双赢。

3. 提升建筑性能品质

可再生资源的利用可以提升建筑的性能品质。利用可再生能源进行供暖、制冷和供电,可以提高建筑的舒适度和使用便捷性。采用绿色建材和节能设计,可以改善建筑的保温、隔热和隔声性能,提高建筑的居住和办公质量。这些措施有助于提高建筑的品质和竞争力,满足人们日益增长的居住和工作环境需求。

4. 改善人居生态环境

可再生资源的利用有助于改善人居生态环境，通过雨水收集和利用，可以减少城市洪涝灾害的发生，提高城市排水系统的效率；通过建筑垃圾再生利用，可以减少建筑废弃物的排放，降低对土地资源的占用和污染。这些措施有助于改善城市环境，提高居民的生活质量和幸福感。

5. 缓解资源压力

随着人口的增长和经济的发展，资源供给面临着巨大的压力。建筑可再生资源的利用有助于减少对有限资源的依赖，缓解资源紧张的局面。通过将废弃物转化为再生资源，可以实现资源的循环利用，降低对自然资源的开采需求。这不仅有助于缓解当前资源短缺的问题，还能为未来的可持续发展提供保障。

9.3.2　建筑可再生资源利用技术

1. 太阳能利用技术

太阳能作为一种清洁、无限的能源，在建筑行业中具有广泛的应用前景，太阳能利用技术主要包括太阳能光伏发电和太阳能热水系统。通过安装光伏板和热水器等设备，将太阳能转化为电能和热能，为建筑提供持续的能源供应。

2. 地热能供暖制冷

地热能作为一种稳定、可靠的能源，适用于建筑的供暖与制冷。通过地源热泵技术，可以将地下恒温的能量提取出来，为建筑提供冬季供暖和夏季制冷的功能（图9-29）。

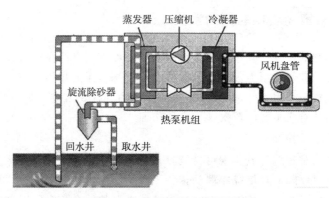

图 9-29　地源热泵工作原理图

3. 建筑垃圾再生利用

建筑垃圾再生利用是建筑行业可持续发展的重要手段。通过对建筑垃圾进行分类、破碎、筛分等处理，可以将废弃的建筑材料转化为再生骨料，用于生产新的建筑材料，实现资源的循环利用。

4. 雨水收集与利用

雨水收集与利用是建筑行业节水的重要途径。通过设置雨水收集系统，将雨水进行收集、储存和处理，可以用于建筑的冲厕、绿化灌溉等非饮用水用途，降低自来水的使用量。

5. 智能管理与监控系统

智能管理与监控系统是建筑可再生资源利用的重要支撑。通过安装智能传感器、控制器等设备，可以实时监测建筑的能耗情况，对能源使用进行优化和调整。同时，利用数据分析技术，可以对建筑的能源使用进行预测和管理，提高能源的利用效率和节约率。

1. 建筑节能是现代建筑发展的方向，建筑围护结构对建筑运行的能耗影响较大，应从保温材料选用、保温构造等方面入手，从而达到建筑保温隔热的目的。

2. 选择保温材料时，应保证导热系数（热阻）、蓄热系数、抗拉强度、压缩强度、燃烧性能和吸水率等指标符合要求。

3. 外墙在建筑外围护结构面积中最大，和室外环境接触面积最大，建筑节能设计首先从墙体保温入手。外墙保温有外墙外保温、外墙中间保温和外墙内保温三种构造形式，三种墙体保温构造形式在施工难易程度、维护、成本、保温效果等方面各有优劣。

4. 现代建筑对可再生资源利用，从而实现减碳节能的最终目的。

拓展训练

一、填空题

1. 我国的建筑气候区域有严寒地区、_____地区、_____地区、_____地区和_____地区。

2. 建筑透光围护结构包括_____、_____、_____等。

3. 聚苯保温板宽度不宜大于_____mm，高度不宜大于_____mm。

4. 常见外墙保温构造形式有_____、_____、_____等。

二、简答题

1. 节能建筑在设计时，应考虑哪些方面？

2. 建筑的哪些部位容易出现热桥？

3. 建筑的有机保温材料的优缺点是什么？

4. 什么是现浇混凝土免拆模板保温系统？

5. 如何在门口、洞口利用耐碱玻纤网格布进行加强处理？

三、思考题

1. 古代建筑有哪些保温隔热措施？

2. 现在不少建筑被称为"被动房"，请问这种建筑构造有哪些要求？

项目 10　工业建筑构造

【知识目标】

1. 了解工业厂房的分类和特点。

2. 了解工业厂房内部的起重运输设备。

【技能目标】

能对比分析民用建筑与工业建筑的特点。

【素养目标】

以人为本，关心和保障劳动者。

10.1　工业厂房的基础知识

10.1.1　工业厂房的概念与特点

工业建筑是各类工厂为工业生产需要而建造的各种不同用途的建筑物和构筑物的总称，主要是指那些可以在其中进行和实现生产工艺过程的生产设备用房及其必需的辅助用房，如图 10-1 所示。工业建筑也称工业厂房，是产品生产及工人操作的场所，是为工业生产服务的，是指工业建筑中供生产用的建筑物。通常把在工业厂房内按生产工艺过程进行各类工业产品的加工和制造的生产单位称为生产车间。一般来说，一个工厂除了有若干个生产车间，还要有生产辅助用房，如辅助生产车间、锅炉房、水泵房、仓库、办公室及生活用房等。

图 10-1　工业厂房

工业厂房首先必须满足生产要求，能够布置和保护生产设备，同时必须创造良好的生产环境和劳动保护条件，以保证产品的质量，保护工人的身体健康，提高劳动效率。厂房与民用房屋相比，其基建投资多，占地面积大，而且受生产工艺条件制约。这就要求工业厂房建筑的设计和构造除与民用建筑一样以外，还要符合国家、地方的有关基本建设方针、政策。做到坚固适用、经济合理、技术先进、施工方便，并为实现建筑工业化创造条件。

工业厂房生产工艺复杂、生产环境要求多样，因此与民用建筑相比，工业厂房在设计配合、使用要求、室内通风与采光、屋面排水及构造方面具有以下特点。

(1)凡是工业产品的生产都要经过一系列的加工过程，这个过程为生产工艺流程。生产所需的设备都应按照生产工艺流程的要求进行布置，因而工业厂房的平面形状应按照生产工艺流程及设备布置的要求进行设计。

(2)有许多工业产品的体积、质量都很大，生产时需要使用与之相配套的起重运输设备。因此，工业厂房通常要求具有较大的内部空间，并设有起重运输设备。

(3)某些加工过程是在高温下完成的，生产时往往需要排放许多热量和烟尘，因此，工业厂房需要有良好的通风和排风，设置有效的通风设施。

(4)有许多产品的生产需要严格的环境条件，如有些厂房要求一定的温度、湿度和洁净度；有些厂房要求无振动、无电磁辐射等，要求工业厂房设计时要满足特殊方面的要求，采取相应的特殊技术措施。

(5)为了满足生产要求和提供环境保障，厂房内通常会有各种工程技术管网。如上下水、热力、压缩空气、煤气、氧气和电力供应管道等，构造上应予以考虑。

(6)厂房内常有各种运输车辆通行。工业厂房生产过程中有大量的原料、加工零件、半成品、成品、废料等需要用蓄电池车、汽车或火车进行运输，所以厂房设计时应解决好运输工具的通行问题。

10.1.2 工业厂房的分类

现代工业企业由于生产任务、生产工艺的不同而种类繁多，工业生产规模较大而生产工艺又较完整的工业厂房可归纳为以下几种类型。

1. 按厂房的用途分

(1)主要生产用房。主要生产用房是指进行产品的配料、加工、装配等主要工艺流程的厂房。以机械制造工厂为例，包括铸造车间、锻造车间、冲压车间、铆焊车间、电镀车间、热处理车间、机械加工车间和机械装配车间等。

(2)辅助生产用房。辅助生产用房是指为主要生产用房服务的厂房，如机械制造厂的机械修理车间、电机修理车间、工具车间等，材料、半成品或成品仓库等仓储类厂房，变电站、锅炉房、煤气站等动力类用房以及车库等建筑。

(3)动力用厂房。动力用厂房是指为全厂提供能源的各类厂房，如发电站、变电所、锅炉房、煤气站、乙炔站、氧气站和压缩空气站等。

(4)储藏用建筑。储藏用建筑是指储藏各种原材料、半成品、成品的仓库，如机械制造厂的金属材料库、油料库、辅助材料库、半成品库及成品库等。

(5)运输用建筑。运输用建筑是指用于停放、检修各种交通运输工具用的房屋。如机车库、汽车库、蓄电池车库、起动车库、消防车库和站场用房等。

(6)其他建筑。不属于上述五类用途的建筑，如污水处理建筑等。

2. 按厂房的层数分

(1)单层厂房。单层厂房主要适用于一些生产设备或振动比较大、原材料或成品比较重的机械、冶金等重工业。其优点是内外设备布置及联系方便，缺点是占地多、土地利用率低。单层厂房可以是单跨，也可以是多跨联列，如图10-2所示。

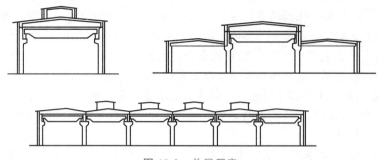

图 10-2 单层厂房

(2)多层厂房(2~5层)。多层厂房主要适用于在垂直方向上组织生产及工艺流程的生产车间，以及设备和产品均较轻的一些车间，如面粉加工、轻纺、电子、仪表等生产厂房。近年来在部分大中城市中，随着厂区用地的日益紧张逐步出现多层厂房。多层厂房占地面积小、建筑面积大、造型美观，应予以提倡，如图10-3所示。

图 10-3 多层厂房

(3)混合层数厂房(层次混合的厂房)。如某些化学工业、热电站的主厂房等。图10-4(a)所示为热电厂的主厂房，汽轮发电机设在单层跨内，其他为多层。图10-4(b)所示为化工车间，具有一定高度的生产设备位于中间的单层跨内，两个边跨为多层。

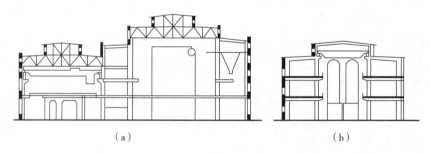

（a） （b）

图 10-4 层次混合的厂房

(a)热电厂的主厂房；(b)化工车间

3. 按生产状况分

按生产状况来分，工业厂房分为热加工车间、冷加工车间、恒温恒湿车间、洁净车间、其他特种状况的车间等类型。

(1)热加工车间。生产中集中散发大量的余热，有时会伴随产生烟雾、灰尘和有害气体。当在红热状态下进行加工时，如铸造、热锻、冶炼、热轧等，应考虑通风和散热问题。

(2)冷加工车间。生产操作是在正常温度、湿度条件下进行的，如机械加工、机械装配、工具、机修等车间。

(3)恒温恒湿车间。为保证产品质量，厂房内要求有稳定的温度、湿度条件，如精密机械、纺织、酿造等车间。

(4)洁净车间。为保证产品质量,防止大气中灰尘及细菌的污染,要求厂房内保持高度洁净,如集成电路车间、精密仪器加工及装配车间、医药工业中的粉针剂车间等。

(5)其他特种状况的车间。如有爆破可能性、有大量腐蚀性物质、有放射性物质、防微振、高度隔声、防电磁波干扰车间等。

生产状况是确定厂房平面、剖面、立面、围护结构形式的主要因素之一,故设计时应予以考虑。

10.2 工业厂房构造

10.2.1 单层工业厂房的构造组成

在厂房建筑中,支承各种荷载作用的构件所组成的骨架通常称为结构。

单层工业厂房由下列部分组成。

(1)横向排架构件。横向排架构件主要包括屋架或屋面梁、承重柱和基础。

(2)纵向连系构件。纵向连系构件主要包括基础梁、吊车梁、连系梁、圈梁等。

(3)支撑系统构件。支撑系统构件主要包括屋盖支撑和柱间支撑两大类。

(4)围护结构构件。围护结构构件主要包括厂房四周的外墙、屋面、门窗及天窗等。

单层工业厂房的主要构件如下。

1. 柱

柱是厂房结构的主要承重构件,承受屋架、吊车梁、支撑、连系梁和外墙传来的荷载,并把它传给基础。

柱的类型很多,按材料的不同,可分为砖柱、钢筋混凝土柱、钢柱等;按截面形式的不同,可分为单肢柱和双肢柱。图 10-5 和图 10-6 所示为钢筋混凝土柱。按其截面构造形式的不同,可分为矩形柱、工字形柱和双肢柱等。

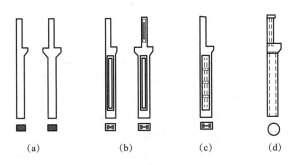

图 10-5 常用的钢筋混凝土柱(单肢柱)

(a)矩形柱;(b)工字形柱;(c)预制空腹板工字形柱;(d)单肢空心管柱

(1)矩形柱。矩形柱的截面有方形和长方形两种。工程中多采用长方形,截面尺寸一般为 400 mm×600 mm,其特点是外形简单、受弯性能好、施工方便、容易保证质量要求,仅适用于中小型厂房。

(2)工字形柱。工字形柱的截面尺寸一般为 400 mm×600 mm、400 mm×800 mm、500 mm×

1 500 mm 等，在大、中型厂房内广泛采用。

（3）双肢柱。当柱的高度和荷载较大、起重机车起重量大于 30 t、柱的截面尺寸大于 600 mm×1 500 mm 时，宜选用双肢柱。

目前，许多地方大量使用钢柱，其截面形式多为工字形。

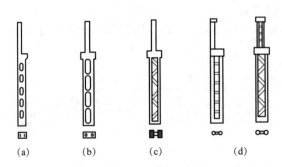

图 10-6　常用的钢筋混凝土柱（双肢柱）

(a)双肢柱；(b)平腹杆双肢柱；(c)斜腹杆双肢柱；(d)双肢空心管柱

2. 基础和基础梁

基础承受柱和基础梁传来的全部荷载，并将荷载传给地基。基础的形式有条形基础、杯形基础、柱基础等。基础梁承受上部砖墙的重量，并传给基础。

3. 屋架

屋架是屋盖结构的主要承重构件，承受屋盖上的全部荷载并传递柱。屋架按制作材料的不同，可分为钢筋混凝土屋架或屋面梁、钢屋架、木屋架和钢木屋架，形式有三角形、梯形、折线形、拱形等，尺寸有 9 m、12 m、15 m、18 m、24 m、30 m、36 m 等。

4. 屋面板

屋面板铺设在屋架、檩条或天窗架上，直接承受板上的各类荷载（包括屋面板自重，屋面覆盖材料，雪、积灰及施工检修等荷载），并将荷载传给屋架。屋面板有钢筋混凝土槽型板、彩钢板等。

5. 吊车梁

吊车梁设在柱子的牛腿上，承受起重机和起重吊物的重量及运行中所有的荷载（包括起重机起动或刹车产生的横向、纵向刹车力）并将其传给框架柱。

（1）吊车梁的类型。

1）T 形吊车梁。T 形吊车梁一般用于柱距为 6 m、厂房跨度小于 30 m、吨位在 10 t 以下的厂房。预应力钢筋混凝土 T 形吊车梁适用于起重机吨位为 10～30 t 的厂房，如图 10-7(a)所示。

2）工字形吊车梁。工字形吊车梁腹壁薄，节省材料，自重较轻，如图 10-7(b)所示。先张法吊车梁适用于厂房柱距为 6 m、厂房跨度为 12～33 m、起重机起重量为 5～25 t 的厂房；后张法自锚吊车梁适用于厂房柱距为 6 m、厂房跨度为 12～33 m 的厂房。

3）鱼腹式吊车梁。预应力混凝土鱼腹式吊车梁适用于厂房柱距小于 12 m、跨度为 12～33 m、起重机吨位为 15～150 t 的厂房，如图 10-7(c)所示。

（2）吊车梁的预埋件和预留孔。吊车梁的预埋件和预留孔如图 10-8 所示。

6. 连系梁

连系梁是厂房纵向柱列的水平连系构件，用以增加厂房的纵向刚度，承受风荷载和上部墙体的荷载，并将荷载传给纵向柱列。

7. 支撑系统

支撑系统构件分设于屋架之间和纵向柱列之间，作用是加强厂房的空间整体刚度和稳定性。

主要是传递水平荷载和起重机产生的水平刹车力。

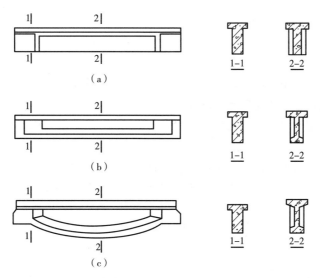

图 10-7　钢筋混凝土吊车梁
（a）T 形截面吊车梁；（b）工字形截面吊车梁；（c）鱼腹式截面吊车梁

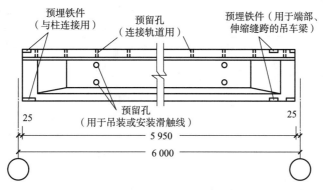

图 10-8　吊车梁的预埋件和预留孔

8. 抗风柱

单层厂房的山墙面积较大，所受风荷载也较大，故应在山墙内侧设置抗风柱。同山墙一起承受风荷载，并把荷载中的一部分传到厂房纵向柱列上去，另一部分直接传给基础。

9. 围护构件

（1）屋面。单层厂房的屋面面积较大，故防水、排水、保温、隔热等处理较复杂。

（2）外墙。厂房的大部分荷载由排架结构承担，因此，外墙是自承重构件，除承受墙体自重及风荷载外，主要起着防风、防雨、保温、隔热、遮阳、防火等作用。

（3）门窗。门窗主要供采光、通风、日照和交通运输用。

（4）地面。地面应满足生产使用及运输要求等，并为厂房提供良好的室内环境。

10.2.2　厂房内部的起重运输设备

根据工艺布置的要求，厂房内在生产过程中常需要装卸、搬运各种原材料、半成品、成品或进行生产设备的检修工作，因此厂房内应设置必需的起重运输设备。厂房内的起重运输设备主要有三类。

（1）板车、电瓶车、汽车、火车等地面运输设备。

（2）安装在厂房上部空间的各种类型的起重机。

（3）各种输送管道、传送带等。

在这些起重运输设备中，以起重机对厂房的布置、结构选型等影响最大。

起重机是厂房内最主要的起重运输设备。

常见的起重机类型有单轨悬挂式起重机、梁式起重机、桥式起重机等。

1. 单轨悬挂式起重机

单轨悬挂式起重机由电动葫芦和工字钢轨道两部分组成。电动葫芦以工字钢为轨道，可沿直线、曲线或分岔往返运行。工字钢轨道悬挂在屋架（或屋面梁）下弦，因而对屋架或屋面梁的结构强度要求较高，起重量（W）一般在 2 t 左右，特殊情况下可达 5 t。单轨悬挂式起重机构造简单、造价低，但它不能横向运行，须借助人力和车辆辅助运输，故而只适用于小型或辅助车间，如图 10-9 所示。

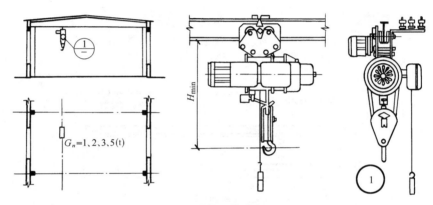

图 10-9　单轨悬挂式起重机

2. 梁式起重机

梁式起重机是由梁架、工字钢轨道和电动葫芦组成。梁架既可以悬挂在屋架或屋面梁下弦的纵向轨道上，也可以支承在吊车梁的轨道上。梁式起重机可以纵横双向运行，使用方便。

悬挂式梁式起重机：梁架悬挂在屋架下，工字钢轨道固定在梁架上，电动葫芦悬挂在工字钢轨道上，如图 10-10（a）所示；支承式梁式起重机：梁架支承在吊车梁上，工字钢轨道固定在梁架上，电动葫芦悬挂在工字钢轨道上，如图 10-10（b）所示。梁式起重机对行车的操纵，既可以在地面上操纵，也可以通过操纵室凌空操纵。梁式起重机的起重量有 1 t、2 t、3 t、5 t 四种。

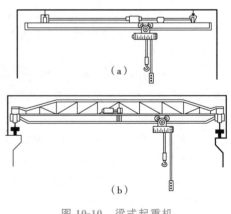

图 10-10　梁式起重机
（a）悬挂式；（b）支承式

3. 桥式起重机

桥式起重机通常是在厂房排架柱上设牛腿，牛腿上搁置吊车梁，吊车梁上安装钢轨，钢轨上设置能沿着厂房纵向滑移的双榀钢桥架（或板梁），桥架上设支承小车，小车能沿桥架横向滑移，如图 10-11 所示。桥式起重机在桥架与小车范围内均可起重，起重量从 5 t 至数百吨。在桥架一端设有司机室。

为确保起重机运行及厂房的安全，起重机的界限尺寸及安全间隙尺寸应符合相关规定。

根据起重机开动时间与全部生产时间的比率，起重机工作制可分为轻级、中级、重级和超重级四种，以 $JC(\%)$ 表示。轻级工作制为 $15\% \sim 25\%$；中级工作制为 $25\% \sim 40\%$；重级工作制为 $40\% \sim 60\%$；超重级工作制为 $JC \geqslant 60\%$。

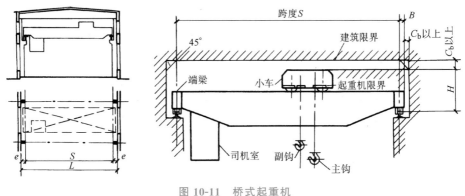

图 10-11　桥式起重机

模块小结

工业建筑是各类工厂为工业生产需要而建造的各种不同用途的建筑物和构筑物的总称。工业厂房必须满足生产要求，能够布置和保护生产设备，同时必须创造良好的生产环境和劳动保护条件，以保证产品的质量，保护工人的身体健康，提高劳动效率。

工业建筑类型较多，按使用功能分为主要生产用房、辅助生产用房、动力用厂房等；按照层数分为单层厂房、多层厂房和混合层数厂房。

钢筋混凝土排架结构单层厂房通常由横向排架构件、纵向连系构件、支撑系统构件和围护结构构件等几部分组成。

拓展训练

简答题

1. 简述工业建筑和民用建筑的相同点与不同点。

2. 工业建筑有哪些类型？

3. 单层工业厂房由哪些部分组成？

4. 工业厂房内部的起重运输设备有哪些？各有什么特点？

参 考 文 献

[1]中国建筑标准设计研究院.23J909 工程做法[S]. 北京：中国标准出版社，2023.

[2]同济大学，西安建筑科技大学，东南大学，重庆大学. 房屋建筑学[M].5 版 . 北京：中国建筑工业出版社，2018.

[3]王晓华 . 房屋建筑构造[M]. 北京：机械工业出版社，2012.

[4]夏玲涛，邬京虹 . 建筑构造与识图[M].2 版 . 北京：机械工业出版社，2021.

[5]中国建筑标准设计研究院 .11J930 住宅建筑构造[S]. 北京：中国计划出版社，2011.